建设工程工程量清单计价快速入门丛书

安装工程工程量清单计价快速入门（含实例）

张 凯 主编

中国建筑工业出版社

图书在版编目（CIP）数据

安装工程工程量清单计价快速入门（含实例）/张凯
主编．—北京：中国建筑工业出版社，2015.7
（建设工程工程量清单计价快速入门丛书）
ISBN 978-7-112-18614-3

Ⅰ.①安…　Ⅱ.①张…　Ⅲ.①建筑安装-工程造价
Ⅳ.①TU723.3

中国版本图书馆 CIP 数据核字(2015)第 250542 号

　　本书根据《建设工程工程量清单计价规范》GB 50500—2013 和《通用安装工程工程量计算规范》GB 50856—2013 编写。全书共分为 8 章，内容主要包括：建筑安装工程费用构成与计算，机械设备安装工程清单工程量计算及实例，电气设备安装工程清单工程量计算及实例，通风空调工程清单工程量计算及实例，工业管道工程清单工程量计算及实例，消防工程清单工程量计算及实例，给水排水、采暖、燃气工程清单工程量计算及实例，安装工程工程量清单计价及编制。

　　本书可供广大安装工程预算人员、造价人员及管理人员使用，也可供高职高专院校工程造价专业师生参考。

责任编辑：郭　栋
责任设计：董建平
责任校对：李美娜　党　蕾

建设工程工程量清单计价快速入门丛书
安装工程工程量清单计价快速入门（含实例）
张　凯　主编
*
中国建筑工业出版社出版、发行（北京西郊百万庄）
各地新华书店、建筑书店经销
北京红光制版公司制版
北京圣夫亚美印刷有限公司印刷
*
开本：787×1092 毫米　1/16　印张：16¼　字数：402 千字
2015 年 12 月第一版　　2015 年 12 月第一次印刷
定价：43.00 元
ISBN 978-7-112- 18614-3
(27823)

编 委 会

主 编　张　凯

参 编（按姓氏笔画排列）

王　超　　王雅丽　　许　蒙　李　颖

李德建　　邹　韵　　张　彤　张　鹏

张　静　　陈安全　　邵亚凤　孟红梅

韩　雪

前　言

　　工程量清单计价是与市场经济相适应的，由承包单位自主报价，通过市场竞争确定价格，是一种与国际惯例接轨的计价模式。为了更好地完善工程量清单计价工作，规范建设市场计价行为，住房和城乡建设部修订并发布了《建设工程工程量清单计价规范》GB 50500—2013、《通用安装工程工程量计算规范》GB 50856—2013 等一系列新的计价规范。新规范的出台对于巩固工程量清单计价改革成果、规范工程量清单计价行为具有重要的意义。

　　《通用安装工程工程量计算规范》GB 50856—2013 的颁布与实施，对广大安装工程造价编制和管理人员提出了更高的要求，促使他们要快速学习和理解新规范，不断提高其专业能力，从而更好地适应安装工程造价工作的需要，将安装工程造价工作做得细致具体，合理确定安装工程造价。基于上述原因，我们组织相关人员编写了本书。

　　本书系统地讲解了安装工程工程量清单计价的基础理论和计价方法，内容紧跟"2013版计价规范"，注重与实际应用相结合，配有大量的计价实例，具有很强的实用性与针对性。

　　由于编者的学识和经验有限，尽管编者反复推敲核实，但书中难免有疏漏或未尽之处，恳请有关专家和广大读者提出宝贵的意见，以便作进一步的修改和完善。

目　　录

1　建筑安装工程费用构成与计算 ··· 1

  1.1　建筑安装工程费用构成 ··· 1

    1.1.1　按费用构成要素划分 ·· 1

    1.1.2　按造价形成划分 ·· 3

  1.2　建筑安装工程费用计算 ··· 5

    1.2.1　按费用构成要素划分的费用计算 ··· 5

    1.2.2　按造价形成划分的费用计算 ··· 7

2　机械设备安装工程清单工程量计算及实例 ·· 9

  2.1　切削设备安装清单工程量计算及实例 ··· 9

    2.1.1　工程量清单计价规则 ··· 9

    2.1.2　工程量清单计价实例 ·· 10

  2.2　锻压设备安装清单工程量计算及实例 ·· 13

    2.2.1　工程量清单计价规则 ·· 13

    2.2.2　工程量清单计价实例 ·· 14

  2.3　铸造设备安装清单工程量计算及实例 ·· 16

    2.3.1　工程量清单计价规则 ·· 16

    2.3.2　清单相关问题及说明 ·· 17

    2.3.3　工程量清单计价实例 ·· 17

  2.4　起重设备、起重机轨道安装清单工程量计算及实例 ···································· 18

    2.4.1　工程量清单计价规则 ·· 18

    2.4.2　工程量清单计价实例 ·· 19

  2.5　风机安装清单工程量计算及实例 ·· 20

    2.5.1　工程量清单计价规则 ·· 20

    2.5.2　清单相关问题及说明 ·· 20

    2.5.3　工程量清单计价实例 ·· 20

  2.6　泵安装清单工程量计算及实例 ·· 22

    2.6.1　工程量清单计价规则 ·· 22

    2.6.2　清单相关问题及说明 ·· 22

    2.6.3　工程量清单计价实例 ·· 22

  2.7　煤气发生设备安装清单工程量计算及实例 ·· 23

    2.7.1　工程量清单计价规则 ·· 23

2.7.2 清单相关问题及说明 ……………………………………………… 24

2.7.3 工程量清单计价实例 ……………………………………………… 24

2.8 其他机械安装清单工程量计算及实例 …………………………………… 24

2.8.1 工程量清单计价规则 ……………………………………………… 24

2.8.2 清单相关问题及说明 ……………………………………………… 26

2.8.3 工程量清单计价实例 ……………………………………………… 26

3 电气设备安装工程清单工程量计算及实例 ……………………………… 28

3.1 变配电工程清单工程量计算及实例 ……………………………………… 28

3.1.1 工程量清单计价规则 ……………………………………………… 28

3.1.2 清单相关问题及说明 ……………………………………………… 31

3.1.3 工程量清单计价实例 ……………………………………………… 32

3.2 线路安装工程清单工程量计算及实例 …………………………………… 37

3.2.1 工程量清单计价规则 ……………………………………………… 37

3.2.2 清单相关问题及说明 ……………………………………………… 44

3.2.3 工程量清单计价实例 ……………………………………………… 45

3.3 照明器具安装工程清单工程量计算及实例 ……………………………… 57

3.3.1 工程量清单计价规则 ……………………………………………… 57

3.3.2 清单相关问题及说明 ……………………………………………… 58

3.3.3 工程量清单计价实例 ……………………………………………… 59

3.4 防雷及接地装置安装工程清单工程量计算及实例 ……………………… 61

3.4.1 工程量清单计价规则 ……………………………………………… 61

3.4.2 清单相关问题及说明 ……………………………………………… 62

3.4.3 工程量清单计价实例 ……………………………………………… 63

3.5 其他安装工程清单工程量计算及实例 …………………………………… 68

3.5.1 工程量清单计价规则 ……………………………………………… 68

3.5.2 清单相关问题及说明 ……………………………………………… 75

3.5.3 工程量清单计价实例 ……………………………………………… 76

4 通风空调工程清单工程量计算及实例 ………………………………… 83

4.1 通风空调设备及部件制作安装工程清单工程量计算及实例 …………… 83

4.1.1 工程量清单计价规则 ……………………………………………… 83

4.1.2 清单相关问题及说明 ……………………………………………… 84

4.1.3 工程量清单计价实例 ……………………………………………… 84

4.2 通风管道制作安装工程清单工程量计算及实例 ………………………… 87

4.2.1 工程量清单计价规则 ……………………………………………… 87

4.2.2 清单相关问题及说明 ……………………………………………… 88

4.2.3 工程量清单计价实例 ……………………………………………… 88

4.3 通风管道部件制作安装工程清单工程量计算及实例 …………………… 95

    4.3.1 工程量清单计价规则 ·················· 95

    4.3.2 清单相关问题及说明 ·················· 98

    4.3.3 工程量清单计价实例 ·················· 98

  4.4 通风工程检测、调试清单工程量计算及实例 ·················· 103

    4.4.1 工程量清单计价规则 ·················· 103

    4.4.2 工程量清单计价实例 ·················· 103

5 工业管道工程清单工程量计算及实例 ·················· 104

  5.1 管道安装工程清单工程量计算及实例 ·················· 104

    5.1.1 工程量清单计价规则 ·················· 104

    5.1.2 清单相关问题及说明 ·················· 107

    5.1.3 工程量清单计价实例 ·················· 107

  5.2 管件安装工程清单工程量计算及实例 ·················· 113

    5.2.1 工程量清单计价规则 ·················· 113

    5.2.2 清单相关问题及说明 ·················· 115

    5.2.3 工程量清单计价实例 ·················· 116

  5.3 阀门安装工程清单工程量计算及实例 ·················· 118

    5.3.1 工程量清单计价规则 ·················· 118

    5.3.2 清单相关问题及说明 ·················· 120

    5.3.3 工程量清单计价实例 ·················· 120

  5.4 法兰安装工程清单工程量计算及实例 ·················· 122

    5.4.1 工程量清单计价规则 ·················· 122

    5.4.2 清单相关问题及说明 ·················· 124

    5.4.3 工程量清单计价实例 ·················· 124

  5.5 其他工程清单工程量计算及实例 ·················· 125

    5.5.1 工程量清单计价规则 ·················· 125

    5.5.2 清单相关问题及说明 ·················· 128

    5.5.3 工程量清单计价实例 ·················· 128

6 消防工程清单工程量计算及实例 ·················· 132

  6.1 水灭火系统清单工程量计算及实例 ·················· 132

    6.1.1 工程量清单计价规则 ·················· 132

    6.1.2 清单相关问题及说明 ·················· 133

    6.1.3 工程量清单计价实例 ·················· 134

  6.2 气体灭火系统清单工程量计算及实例 ·················· 140

    6.2.1 工程量清单计价规则 ·················· 140

    6.2.2 清单相关问题及说明 ·················· 141

    6.2.3 工程量清单计价实例 ·················· 141

  6.3 泡沫灭火系统清单工程量计算及实例 ·················· 146

      6.3.1　工程量清单计价规则 ·· 146

      6.3.2　清单相关问题及说明 ·· 147

      6.3.3　工程量清单计价实例 ·· 147

   6.4　火灾自动报警系统清单工程量计算及实例 ···················· 148

      6.4.1　工程量清单计价规则 ·· 148

      6.4.2　清单相关问题及说明 ·· 150

      6.4.3　工程量清单计价实例 ·· 150

   6.5　消防系统调试清单工程量计算及实例 ························ 151

      6.5.1　工程量清单计价规则 ·· 151

      6.5.2　清单相关问题及说明 ·· 151

      6.5.3　工程量清单计价实例 ·· 152

7　给水排水、采暖、燃气工程清单工程量计算及实例 ··············· 154

   7.1　给水排水工程清单工程量计算及实例 ························ 154

      7.1.1　工程量清单计价规则 ·· 154

      7.1.2　清单相关问题及说明 ·· 159

      7.1.3　工程量清单计价实例 ·· 160

   7.2　采暖工程清单工程量计算及实例 ···························· 178

      7.2.1　工程量清单计价规则 ·· 178

      7.2.2　清单相关问题及说明 ·· 181

      7.2.3　工程量清单计价实例 ·· 181

   7.3　燃气工程清单工程量计算及实例 ···························· 187

      7.3.1　工程量清单计价规则 ·· 187

      7.3.2　清单相关问题及说明 ·· 188

      7.3.3　工程量清单计价实例 ·· 188

8　安装工程工程量清单计价及编制 ································ 194

   8.1　工程量清单 ··· 194

      8.1.1　工程量清单的作用 ·· 194

      8.1.2　工程量清单项目规则设置 ······································ 194

      8.1.3　工程量清单编制 ·· 195

   8.2　工程量清单计价 ··· 196

      8.2.1　工程量清单计价常用术语及解释 ································ 196

      8.2.2　工程量清单计价一般规定 ······································ 199

      8.2.3　推行工程量清单计价的意义 ···································· 200

   8.3　工程量清单计价编制 ····································· 201

      8.3.1　招标控制价 ·· 201

      8.3.2　投标报价 ·· 202

      8.3.3　价款结算 ·· 203

　　8.3.4　工程造价鉴定 ··· 216

　　8.3.5　工程计价资料与档案 ·· 217

8.4　工程量清单计价编制实例 ··· 218

　　8.4.1　招标控制价编制实例 ·· 218

　　8.4.2　投标报价编制实例 ··· 233

参考文献 ··· 248

1 建筑安装工程费用构成与计算

1.1 建筑安装工程费用构成

1.1.1 按费用构成要素划分

根据建标〔2013〕44号通知，建筑安装工程费按照费用构成要素划分：由人工费、材料（包含工程设备，下同）费、施工机具使用费、企业管理费、利润、规费和税金组成。其中人工费、材料费、施工机具使用费、企业管理费和利润包含在分部分项工程费、措施项目费、其他项目费中。

1. 人工费

人工费是指按工资总额构成规定，支付给从事建筑安装工程施工的生产工人和附属生产单位工人的各项费用。内容包括：

（1）计时工资或计件工资：是指按计时工资标准和工作时间或对已做工作按计件单价支付给个人的劳动报酬。

（2）奖金：是指对超额劳动和增收节支支付给个人的劳动报酬。如节约奖、劳动竞赛奖等。

（3）津贴补贴：是指为了补偿职工特殊或额外的劳动消耗和因其他特殊原因支付给个人的津贴，以及为了保证职工工资水平不受物价影响支付给个人的物价补贴。如流动施工津贴、特殊地区施工津贴、高温（寒）作业临时津贴、高空津贴等。

（4）加班加点工资：是指按规定支付的在法定节假日工作的加班工资和在法定日工作时间外延时工作的加点工资。

（5）特殊情况下支付的工资：是指根据国家法律、法规和政策规定，因病、工伤、产假、计划生育假、婚丧假、事假、探亲假、定期休假、停工学习、执行国家或社会义务等原因按计时工资标准或计时工资标准的一定比例支付的工资。

2. 材料费

材料费是指施工过程中耗费的原材料、辅助材料、构配件、零件、半成品或成品、工程设备的费用。内容包括：

（1）材料原价：是指材料、工程设备的出厂价格或商家供应价格。

（2）运杂费：是指材料、工程设备自来源地运至工地仓库或指定堆放地点所发生的全部费用。

（3）运输损耗费：是指材料在运输装卸过程中不可避免的损耗。

（4）采购及保管费：是指为组织采购、供应和保管材料、工程设备的过程中所需要的各项费用。包括采购费、仓储费、工地保管费、仓储损耗。

工程设备是指构成或计划构成永久工程一部分的机电设备、金属结构设备、仪器装置及其他类似的设备和装置。

3. 施工机具使用费

施工机具使用费是指施工作业所发生的施工机械、仪器仪表使用费或其租赁费。

（1）施工机械使用费：以施工机械台班耗用量乘以施工机械台班单价表示，施工机械台班单价应由下列七项费用组成：

1）折旧费：指施工机械在规定的使用年限内，陆续收回其原值的费用。

2）大修理费：指施工机械按规定的大修理间隔台班进行必要的大修理，以恢复其正常功能所需的费用。

3）经常修理费：指施工机械除大修理以外的各级保养和临时故障排除所需的费用。包括为保障机械正常运转所需替换设备与随机配备工具附具的摊销和维护费用，机械运转中日常保养所需润滑与擦拭的材料费用及机械停滞期间的维护和保养费用等。

4）安拆费及场外运费：安拆费指施工机械（大型机械除外）在现场进行安装与拆卸所需的人工、材料、机械和试运转费用以及机械辅助设施的折旧、搭设、拆除等费用；场外运费指施工机械整体或分体自停放地点运至施工现场或由一施工地点运至另一施工地点的运输、装卸、辅助材料及架线等费用。

5）人工费：指机上司机（司炉）和其他操作人员的人工费。

6）燃料动力费：指施工机械在运转作业中所消耗的各种燃料及水、电等。

7）税费：指施工机械按照国家规定应缴纳的车船使用税、保险费及年检费等。

（2）仪器仪表使用费：是指工程施工所需使用的仪器仪表的摊销及维修费用。

4. 企业管理费

企业管理费是指建筑安装企业组织施工生产和经营管理所需的费用。内容包括：

（1）管理人员工资：是指按规定支付给管理人员的计时工资、奖金、津贴补贴、加班加点工资及特殊情况下支付的工资等。

（2）办公费：是指企业管理办公用的文具、纸张、账表、印刷、邮电、书报、办公软件、现场监控、会议、水电、烧水和集体取暖降温（包括现场临时宿舍取暖降温）等费用。

（3）差旅交通费：是指职工因公出差、调动工作的差旅费、住勤补助费，市内交通费和误餐补助费，职工探亲路费，劳动力招募费，职工退休、退职一次性路费，工伤人员就医路费，工地转移费以及管理部门使用的交通工具的油料、燃料等费用。

（4）固定资产使用费：是指管理和试验部门及附属生产单位使用的属于固定资产的房屋、设备、仪器等的折旧、大修、维修或租赁费。

（5）工具用具使用费：是指企业施工生产和管理使用的不属于固定资产的工具、器具、家具、交通工具和检验、试验、测绘、消防用具等的购置、维修和摊销费。

（6）劳动保险和职工福利费：是指由企业支付的职工退职金、按规定支付给离休干部的经费，集体福利费、夏季防暑降温、冬季取暖补贴、上下班交通补贴等。

（7）劳动保护费：是企业按规定发放的劳动保护用品的支出。如工作服、手套、防暑降温饮料以及在有碍身体健康的环境中施工的保健费用等。

（8）检验试验费：是指施工企业按照有关标准规定，对建筑以及材料、构件和建筑安装物进行一般鉴定、检查所发生的费用，包括自设试验室进行试验所耗用的材料等费用。

不包括新结构、新材料的试验费，对构件做破坏性试验及其他特殊要求检验试验的费用和建设单位委托检测机构进行检测的费用，对此类检测发生的费用，由建设单位在工程建设其他费用中列支。但对施工企业提供的具有合格证明的材料进行检测不合格的，该检测费用由施工企业支付。

（9）工会经费：是指企业按《工会法》规定的全部职工工资总额比例计提的工会经费。

（10）职工教育经费：是指按职工工资总额的规定比例计提，企业为职工进行专业技术和职业技能培训，专业技术人员继续教育、职工职业技能鉴定、职业资格认定以及根据需要对职工进行各类文化教育所发生的费用。

（11）财产保险费：是指施工管理用财产、车辆等的保险费用。

（12）财务费：是指企业为施工生产筹集资金或提供预付款担保、履约担保、职工工资支付担保等所发生的各种费用。

（13）税金：是指企业按规定缴纳的房产税、车船使用税、土地使用税、印花税等。

（14）其他：包括技术转让费、技术开发费、投标费、业务招待费、绿化费、广告费、公证费、法律顾问费、审计费、咨询费、保险费等。

5. 利润

利润是指施工企业完成所承包工程获得的盈利。

6. 规费

规费是指按国家法律、法规规定，由省级政府和省级有关权力部门规定必须缴纳或计取的费用。包括：

（1）社会保险费

1）养老保险费：是指企业按照规定标准为职工缴纳的基本养老保险费。

2）失业保险费：是指企业按照规定标准为职工缴纳的失业保险费。

3）医疗保险费：是指企业按照规定标准为职工缴纳的基本医疗保险费。

4）生育保险费：是指企业按照规定标准为职工缴纳的生育保险费。

5）工伤保险费：是指企业按照规定标准为职工缴纳的工伤保险费。

（2）住房公积金：是指企业按规定标准为职工缴纳的住房公积金。

（3）工程排污费：是指按规定缴纳的施工现场工程排污费。

其他应列而未列入的规费，按实际发生计取。

7. 税金

税金是指国家税法规定的应计入建筑安装工程造价内的营业税、城市维护建设税、教育费附加以及地方教育附加。

1.1.2 按造价形成划分

根据建标〔2013〕44号通知，建筑安装工程费按照工程造价形成由分部分项工程费、措施项目费、其他项目费、规费、税金组成，分部分项工程费、措施项目费、其他项目费包含人工费、材料费、施工机具使用费、企业管理费和利润。

1. 分部分项工程费

分部分项工程费是指各专业工程的分部分项工程应予列支的各项费用。

（1）专业工程：是指按现行国家计量规范划分的房屋建筑与装饰工程、仿古建筑工程、通用安装工程、市政工程、园林绿化工程、矿山工程、构筑物工程、城市轨道交通工程、爆破工程等各类工程。

（2）分部分项工程：指按现行国家计量规范对各专业工程划分的项目。如房屋建筑与装饰工程划分的土石方工程、地基处理与桩基工程、砌筑工程、钢筋及钢筋混凝土工程等。

各类专业工程的分部分项工程划分见现行国家或行业计量规范。

2. 措施项目费

措施项目费是指为完成建设工程施工，发生于该工程施工前和施工过程中的技术、生活、安全、环境保护等方面的费用。内容包括：

（1）安全文明施工费

1）环境保护费：是指施工现场为达到环保部门要求所需要的各项费用。

2）文明施工费：是指施工现场文明施工所需要的各项费用。

3）安全施工费：是指施工现场安全施工所需要的各项费用。

4）临时设施费：是指施工企业为进行建设工程施工所必须搭设的生活和生产用的临时建筑物、构筑物和其他临时设施费用。包括临时设施的搭设、维修、拆除、清理费或摊销费等。

（2）夜间施工增加费：是指因夜间施工所发生的夜班补助费、夜间施工降效、夜间施工照明设备摊销及照明用电等费用。

（3）二次搬运费：是指因施工场地条件限制而发生的材料、构配件、半成品等一次运输不能到达堆放地点，必须进行二次或多次搬运所发生的费用。

（4）冬雨季施工增加费：是指在冬季或雨季施工需增加的临时设施、防滑、排除雨雪，人工及施工机械效率降低等费用。

（5）已完工程及设备保护费：是指竣工验收前，对已完工程及设备采取的必要保护措施所发生的费用。

（6）工程定位复测费：是指工程施工过程中进行全部施工测量放线和复测工作的费用。

（7）特殊地区施工增加费：是指工程在沙漠或其边缘地区、高海拔、高寒、原始森林等特殊地区施工增加的费用。

（8）大型机械设备进出场及安拆费：是指机械整体或分体自停放场地运至施工现场或由一个施工地点运至另一个施工地点，所发生的机械进出场运输及转移费用及机械在施工现场进行安装、拆卸所需的人工费、材料费、机械费、试运转费和安装所需的辅助设施的费用。

（9）脚手架工程费：是指施工需要的各种脚手架搭、拆、运输费用以及脚手架购置费的摊销（或租赁）费用。

措施项目及其包含的内容详见各类专业工程的现行国家或行业计量规范。

3. 其他项目费

（1）暂列金额：是指建设单位在工程量清单中暂定并包括在工程合同价款中的一笔款项。用于施工合同签订时尚未确定或者不可预见的所需材料、工程设备、服务的采购，施工中可能发生的工程变更、合同约定调整因素出现时的工程价款调整以及发生的索赔、现场签证确认等的费用。

(2) 计日工：是指在施工过程中，施工企业完成建设单位提出的施工图纸以外的零星项目或工作所需的费用。

(3) 总承包服务费：是指总承包人为配合、协调建设单位进行的专业工程发包，对建设单位自行采购的材料、工程设备等进行保管以及施工现场管理、竣工资料汇总整理等服务所需的费用。

4. 规费

定义同"1.1.1节"的相关内容。

5. 税金

定义同"1.1.1节"的相关内容。

1.2 建筑安装工程费用计算

1.2.1 按费用构成要素划分的费用计算

1. 人工费

公式一：

$$人工费 = \Sigma(工日消耗量 \times 日工资单价) \tag{1-1}$$

$$日工资单价 = \frac{生产工人平均月工资(计时、计件) + 平均月(奖金 + 津贴补贴 + 特殊情况下支付的工资)}{年平均每月法定工作日} \tag{1-2}$$

注：公式（1-1）、公式（1-2）主要适用于施工企业投标报价时自主确定人工费，也是工程造价管理机构编制计价定额确定定额人工单价或发布人工成本信息的参考依据。

公式二：

$$人工费 = \Sigma(工程工日消耗量 \times 日工资单价) \tag{1-3}$$

其中，日工资单价是指施工企业平均技术熟练程度的生产工人在每工作日（国家法定工作时间内）按规定从事施工作业应得的日工资总额。

工程造价管理机构确定日工资单价应通过市场调查、根据工程项目的技术要求，参考实物工程量人工单价综合分析确定，最低日工资单价不得低于工程所在地人力资源和社会保障部门所发布的最低工资标准的：普工1.3倍、一般技工2倍、高级技工3倍。

工程计价定额不可只列一个综合工日单价，应根据工程项目技术要求和工种差别适当划分多种日人工单价，确保各分部工程人工费的合理构成。

注：公式（1-3）适用于工程造价管理机构编制计价定额时确定定额人工费，是施工企业投标报价的参考依据。

2. 材料费

(1) 材料费

$$材料费 = \Sigma(材料消耗量 \times 材料单价) \tag{1-4}$$

$$材料单价 = (材料原价 + 运杂费) \times [1 + 运输损耗率(\%)] \times [1 + 采购保管费率(\%)] \tag{1-5}$$

（2）工程设备费

$$工程设备费 = \Sigma(工程设备量 \times 工程设备单价) \tag{1-6}$$

$$工程设备单价 = (设备原价 + 运杂费) \times [1 + 采购保管费率(\%)] \tag{1-7}$$

3. 施工机具使用费

（1）施工机械使用费

$$施工机械使用费 = \Sigma(施工机械台班消耗量 \times 机械台班单价) \tag{1-8}$$

$$机械台班单价 = 台班折旧费 + 台班大修费 + 台班经常修理费 + 台班安拆费及场外运费$$
$$+ 台班人工费 + 台班燃料动力费 + 台班车船税费 \tag{1-9}$$

注：工程造价管理机构在确定计价定额中的施工机械使用费时，应根据《建筑施工机械台班费用计算规则》结合市场调查编制施工机械台班单价。施工企业可以参考工程造价管理机构发布的台班单价，自主确定施工机械使用费的报价，如租赁施工机械，公式为：施工机械使用费=Σ（施工机械台班消耗量×机械台班租赁单价）。

（2）仪器仪表使用费

$$仪器仪表使用费 = 工程使用的仪器仪表摊销费 + 维修费 \tag{1-10}$$

4. 企业管理费费率

（1）以分部分项工程费为计算基础

$$企业管理费费率(\%) = \frac{生产工人年平均管理费}{年有效施工天数 \times 人工单价} \times 人工费占分部分项工程费比例(\%) \tag{1-11}$$

（2）以人工费和机械费合计为计算基础

$$企业管理费费率(\%) = \frac{生产工人年平均管理费}{年有效施工天数 \times (人工单价 + 每一工日机械使用费)} \times 100\% \tag{1-12}$$

（3）以人工费为计算基础

$$企业管理费费率(\%) = \frac{生产工人年平均管理费}{年有效施工天数 \times 人工单价} \times 100\% \tag{1-13}$$

注：上述公式适用于施工企业投标报价时自主确定管理费，是工程造价管理机构编制计价定额确定企业管理费的参考依据。

工程造价管理机构在确定计价定额中企业管理费时，应以定额人工费或（定额人工费+定额机械费）作为计算基数，其费率根据历年工程造价积累的资料，辅以调查数据确定，列入分部分项工程和措施项目中。

5. 利润

（1）施工企业根据企业自身需求并结合建筑市场实际自主确定，列入报价中。

（2）工程造价管理机构在确定计价定额中利润时，应以定额人工费或（定额人工费+定额机械费）作为计算基数，其费率根据历年工程造价积累的资料，并结合建筑市场实际确定，以单位（单项）工程测算，利润在税前建筑安装工程费的比重可按不低于5%且不高于7%的费率计算。利润应列入分部分项工程和措施项目中。

6. 规费

（1）社会保险费和住房公积金。社会保险费和住房公积金应以定额人工费为计算基础，根据工程所在地省、自治区、直辖市或行业建设主管部门规定费率计算。

社会保险费和住房公积金 ＝ Σ（工程定额人工费 × 社会保险费和住房公积金费率）

$$(1-14)$$

式中：社会保险费和住房公积金费率可以每万元发承包价的生产工人人工费和管理人员工资含量与工程所在地规定的缴纳标准综合分析取定。

（2）工程排污费。工程排污费等其他应列而未列入的规费应按工程所在地环境保护等部门规定的标准缴纳，按实计取列入。

7. 税金

（1）税金

$$税金 ＝ 税前造价 × 综合税率（\%）\qquad(1-15)$$

（2）综合税率

1）纳税地点在市区的企业：

$$综合税率（\%）＝ \frac{1}{1-3\%-(3\%×7\%)-(3\%×3\%)-(3\%×2\%)}-1\quad(1-16)$$

2）纳税地点在县城、镇的企业：

$$综合税率（\%）＝ \frac{1}{1-3\%-(3\%×5\%)-(3\%×3\%)-(3\%×2\%)}-1\quad(1-17)$$

3）纳税地点不在市区、县城、镇的企业：

$$综合税率（\%）＝ \frac{1}{1-3\%-(3\%×1\%)-(3\%×3\%)-(3\%×2\%)}-1\quad(1-18)$$

4）实行营业税改增值税的，按纳税地点现行税率计算。

1.2.2　按造价形成划分的费用计算

1. 分部分项工程费

$$分部分项工程费 ＝ Σ（分部分项工程量 × 综合单价）\qquad(1-19)$$

式中：综合单价包括人工费、材料费、施工机具使用费、企业管理费和利润以及一定范围的风险费用。

2. 措施项目费

（1）国家计量规范规定应予计量的措施项目，其计算公式为：

$$措施项目费 ＝ Σ（措施项目工程量 × 综合单价）\qquad(1-20)$$

（2）国家计量规范规定不宜计量的措施项目计算方法如下：

1）安全文明施工费：

$$安全文明施工费 ＝ 计算基数 × 安全文明施工费费率（\%）\qquad(1-21)$$

计算基数应为定额基价（定额分部分项工程费＋定额中可以计量的措施项目费）、定额人工费或（定额人工费＋定额机械费），其费率由工程造价管理机构根据各专业工程的特点综合确定。

2）夜间施工增加费：

$$夜间施工增加费 ＝ 计算基数 × 夜间施工增加费费率（\%）\qquad(1-22)$$

3）二次搬运费：

$$二次搬运费 ＝ 计算基数 × 二次搬运费费率（\%）\qquad(1-23)$$

4）冬雨季施工增加费：

$$冬雨季施工增加费＝计算基数×冬雨季施工增加费费率（％）\qquad(1-24)$$

5）已完工程及设备保护费：

$$已完工程及设备保护费＝计算基数×已完工程及设备保护费费率（％）\qquad(1-25)$$

上述1）～5）项措施项目的计费基数应为定额人工费或（定额人工费＋定额机械费），其费率由工程造价管理机构根据各专业工程特点和调查资料综合分析后确定。

3. 其他项目费

（1）暂列金额由建设单位根据工程特点，按有关计价规定估算，施工过程中由建设单位掌握使用、扣除合同价款调整后如有余额，归建设单位。

（2）计日工由建设单位和施工企业按施工过程中的签证计价。

（3）总承包服务费由建设单位在招标控制价中根据总包服务范围和有关计价规定编制，施工企业投标时自主报价，施工过程中按签约合同价执行。

4. 规费和税金

建设单位和施工企业均应按照省、自治区、直辖市或行业建设主管部门发布标准计算规费和税金，不得作为竞争性费用。

2 机械设备安装工程清单工程量计算及实例

2.1 切削设备安装清单工程量计算及实例

2.1.1 工程量清单计价规则

切削设备安装工程量清单项目设置、项目特征描述的内容、计量单位及工程量计算规则，应按表 2-1 的规定执行。

切削设备安装（编码：030101）   表 2-1

项目编码	项目名称	项目特征	计量单位	工程量计算规则	工程内容
030101001	台式及仪表机床	1. 名称 2. 型号 3. 规格 4. 质量 5. 灌浆配合比 6. 单机试运转要求	台	按设计图示数量计算	1. 本体安装 2. 地脚螺栓孔灌浆 3. 设备底座与基础间灌浆 4. 单机试运转 5. 补刷（喷）油漆
030101002	卧式车床				
030101003	立式车床				
030101004	钻床				
030101005	镗床				
030101006	磨床				
030101007	铣床				
030101008	齿轮加工机床				
030101009	螺纹加工机床				
030101010	刨床				
030101011	插床				
030101012	拉床				
030101013	超声波加工机床				
030101014	电加工机床				
030101015	金属材料试验机械				
030101016	数控机床				
030101017	木工机械				
030101018	其他机床				
030101019	跑车带锯机	1. 名称 2. 型号 3. 规格 4. 质量 5. 保护罩材质、形式 6. 单机试运转要求			1. 本体安装 2. 保护罩制作、安装 3. 单机试运转 4. 补刷（喷）油漆

2.1.2 工程量清单计价实例

【例 2-1】安装两台型号为 C0685 的仪表车床，如图 2-1 所示，外形尺寸（长×宽×高）为：1250mm×850mm×400mm，单机重 0.175t。试计算其清单工程量。

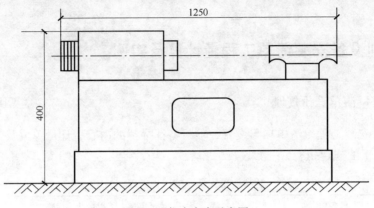

图 2-1 仪表车床示意图

【解】

仪表车床（0.175t）安装工程量＝2 台

清单工程量计算见表 2-2。

清单工程量计算表 表 2-2

项目编码	项目名称	项目特征描述	计量单位	工程量
030101001001	台式及仪表车床	型号为 C0685，外形尺寸（长×宽×高）为：1250mm×850mm×400mm，重 0.175t	台	2

【例 2-2】安装三台型号为 SI-235 的超高精度车床，如图 2-2 所示，外形尺寸（长×宽×高）为：2400mm×1050mm×1250mm，单机重 1.9t。试计算其清单工程量。

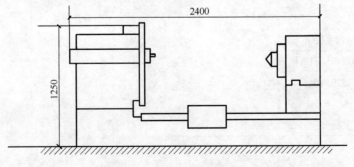

图 2-2 精度车床示意图

【解】

卧式车床安装工程量＝3 台

清单工程量计算见表 2-3。

清单工程量计算表					表 2-3
项目编码	项目名称	项目特征描述	计量单位	工程量	
030101002001	卧式车床	超高精度车床，型号 SI-235，外形尺寸（长×宽×高）为：2400mm×1050mm×1250mm，质量为 1.9t	台	3	

【例 2-3】安装两台型号为 C5116 的立式车床，外形尺寸（长×宽×高）为：2600mm×2800mm×3550mm，单机重 12.7t。试计算其清单工程量。

【解】

立式车床（12.7t）安装工程量＝2 台

清单工程量计算见表 2-4。

清单工程量计算表					表 2-4
项目编码	项目名称	项目特征描述	计量单位	工程量	
030101003001	立式车床	型号为：C5116，外形尺寸（长×宽×高）为：2600mm×2800mm×3550mm，单机重 12.7t	台	2	

【例 2-4】安装三台钻床，本体安装，单机重为 7.2t。试计算其清单工程量。

【解】

钻床安装工程量＝3 台

清单工程量计算见表 2-5。

清单工程量计算表					表 2-5
项目编码	项目名称	项目特征描述	计量单位	工程量	
030101004001	钻床	单机重 7.2t	台	3	

【例 2-5】安装一台镗床，本体安装，机重 13t，如图 2-3 所示，试计算其相关工程量。

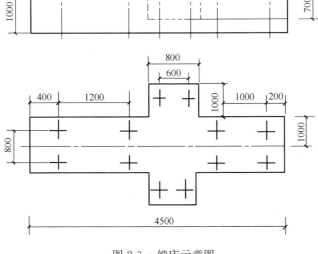

图 2-3 镗床示意图

【解】

镗床（13t）安装工程量＝1台

清单工程量计算见表2-6。

清单工程量计算表 表 2-6

项目编码	项目名称	项目特征描述	计量单位	工程量
030101005001	镗床	机重13t	台	1

【例 2-6】安装两台磨床，本体安装，单机重为10t。试计算其清单工程量。

【解】

磨床安装工程量＝2台

清单工程量计算见表2-7。

清单工程量计算表 表 2-7

项目编码	项目名称	项目特征描述	计量单位	工程量
030101006001	磨床	单机重10t	台	2

【例 2-7】安装两台齿轮加工机床，本体安装，重10t，如图2-4所示，试计算其相关工程量。

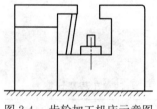

图 2-4　齿轮加工机床示意图

【解】

齿轮加工机床（重10t）安装工程量＝2台

清单工程量计算见表2-8。

清单工程量计算表 表 2-8

项目编码	项目名称	项目特征描述	计量单位	工程量
030101008001	齿轮加工机床	重10t	台	2

【例 2-8】安装三台台式抛光机，单机重5.5t，本体安装，无收缩水泥二次灌浆。试计算其清单工程量。

【解】

安装工程量＝3台

清单工程量计算见表2-9。

清单工程量计算表 表 2-9

项目编码	项目名称	项目特征描述	计量单位	工程量
030101018001	其他机床	台式抛光机，单机重5.5t	台	3

【例 2-9】安装两台型号为BH6070的牛头刨床，其外形尺寸（长×宽×高）为：2480mm×1400mm×1780mm，单机重2.7t，如图2-5所示。试计算其清单工程量。

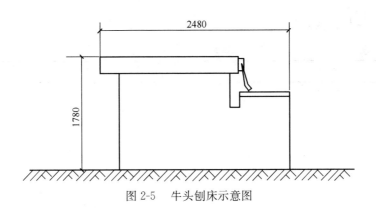

图 2-5　牛头刨床示意图

【解】

牛头刨床（2.7t）安装工程量＝2 台

清单工程量计算见表 2-10。

清单工程量计算表　　　　　　　　　　　表 2-10

项目编码	项目名称	项目特征描述	计量单位	工程量
030101010001	刨床	牛头刨床型号为：BH6070，外形尺寸（长×宽×高）为：2480mm×1400mm×1780mm，单机重 2.7t	台	2

【例 2-10】 安装三台插床，本体安装，机重 6t，如图 2-6 所示，试计算其相关工程量。

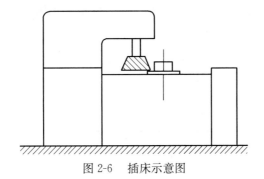

图 2-6　插床示意图

【解】

插床（6t）安装工程量＝3 台

清单工程量计算见表 2-11。

清单工程量计算表　　　　　　　　　　　表 2-11

项目编码	项目名称	项目特征描述	计量单位	工程量
030101011001	插床	机重 6t	台	3

2.2　锻压设备安装清单工程量计算及实例

2.2.1　工程量清单计价规则

锻压设备安装工程量清单项目设置、项目特征描述的内容、计量单位及工程量计算规则，应按表 2-12 的规定执行。

锻压设备安装（编码：030102）　　　　表 2-12

项目编码	项目名称	项目特征	计量单位	工程量计算规则	工程内容
030102001	机械压力机	1. 名称 2. 型号 3. 规格 4. 质量 5. 灌浆配合比 6. 单机试运转要求	台	按设计图示数量计算	1. 本体安装 2. 随机附件安装 3. 地脚螺栓孔灌浆 4. 设备底座与基础间灌浆 5. 单机试运转
030102002	液压机				
030102003	自动锻压机				
030102004	锻锤				
030102005	剪切机				
030102006	弯曲校正机				
030102007	锻造水压机	1. 名称 2. 型号 3. 质量 4. 公称压力 5. 灌浆配合比 6. 单机试运转要求			

2.2.2　工程量清单计价实例

【例 2-11】某安装工程安装两台型号为 J23-63 的开式可倾压力机，如图 2-7 所示，其外形尺寸（长×宽×高）为：1800mm×1280mm×2500mm，单机重 4t。试计算其清单工程量。

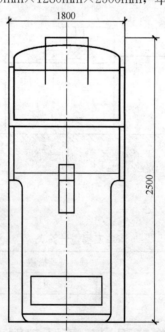

图 2-7　开式可倾压力机示意图

【解】

机械压力机安装工程量＝2 台

清单工程量计算见表 2-13。

清单工程量计算表　　　　　　　　　　　　　表 2-13

项目编码	项目名称	项目特征描述	计量单位	工程量
030102001001	机械压力机	开式可倾压力机，型号为：J2363，外形尺寸（长 × 宽 × 高）为：1800mm × 1280mm × 2500mm，单机重 4t	台	2

【例 2-12】安装两台型号为 YA41-160 的单柱校正压装液压机，外形尺寸（长×宽×高）为：1650mm×2000mm×2950mm，单机重 6.3t。试计算其清单工程量。

【解】

液压机安装工程量＝2 台

清单工程量计算见表 2-14。

清单工程量计算表　　　　　　　　　　　　　表 2-14

项目编码	项目名称	项目特征描述	计量单位	工程量
030102002001	液压机	单柱校正压装液压机，型号为：YA41-160，外形尺寸（长×宽×高）为：1650mm×2000mm×2950mm，单机重 6.3t	台	2

【例 2-13】安装空气锤一台，落锤重量为 350kg，本体安装，如图 2-8 所示。试计算其相关工程量。

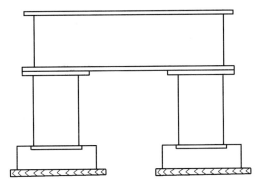

图 2-8　空气锤示意图

【解】

空气锤（350kg）安装工程量＝1 台

清单工程量计算见表 2-15。

清单工程量计算表　　　　　　　　　　　　　表 2-15

项目编码	项目名称	项目特征描述	计量单位	工程量
030102004001	锻锤	落锤重量为 350kg（空气锤）	台	1

【例 2-14】本体安装两台剪切机，单机重 5.5t。试计算其清单工程量。

【解】

剪切机安装工程量＝2 台

清单工程量计算见表 2-16。

清单工程量计算表　　　　　　　　　　　　　　　　　表 2-16

项目编码	项目名称	项目特征描述	计量单位	工程量
030102005001	剪切机	单机重 5.5t	台	2

2.3　铸造设备安装清单工程量计算及实例

2.3.1　工程量清单计价规则

　　铸造设备安装工程量清单项目设置、项目特征描述的内容、计量单位及工程量计算规则，应按表 2-17 的规定执行。

铸造设备安装（编码：030103）　　　　　　　　　　　表 2-17

项目编码	项目名称	项目特征	计量单位	工程量计算规则	工程内容
030103001	砂处理设备	1. 名称 2. 型号 3. 规格 4. 质量 5. 灌浆配合比 6. 单机试运转要求	台（套）	按设计图示数量计算	1. 本体安装、组装 2. 设备钢梁基础检查、复核调整 3. 随机附件安装 4. 设备底座与基础间灌浆 5. 管道酸洗、液压油冲洗 6. 安全护栏制作安装 7. 轨道安装调整 8. 单机试运转 9. 补刷（喷）油漆
030103002	造型设备				
030103003	制芯设备				
030103004	落砂设备				
030103005	清理设备				
030103006	金属型铸造设备				
030103007	材料准备设备				
030103008	抛丸清理室		室		1. 抛丸清理室机械设备安装 2. 抛丸清理室地轨安装 3. 金属结构件和车挡制作、安装 4. 除尘机及除尘器与风机间的风管安装 5. 单机试运转 6. 补刷（喷）油漆
030103009	铸铁平台	1. 名称 2. 规格 3. 质量 4. 安装方式 5. 灌浆配合比	t	按设计图示尺寸以质量计算	1. 平台制作、安装 2. 灌浆

2.3.2 清单相关问题及说明

抛丸清理室设备质量应包括抛丸机、回转台、斗式提升机、螺旋输送机、电动小车等设备以及框架、平台、梯子、栏杆、漏斗、漏管等金属结构件的总质量。

2.3.3 工程量清单计价实例

【例2-15】安装两台型号为S114的碾轮混砂机，如图2-9所示，外形尺寸（长×宽×高）为：2025mm×1880mm×1699mm，单机重3.9t。试计算其清单工程量。

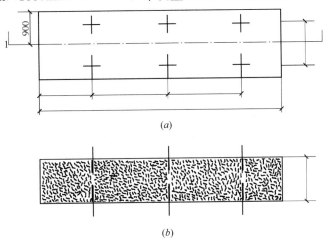

图2-9 混砂机
（a）混砂机示意图；（b）1-1示意图

【解】
砂处理设备安装工程量＝2台
清单工程量计算见表2-18。

清单工程量计算表 表2-18

项目编码	项目名称	项目特征描述	计量单位	工程量
030103001001	砂处理设备	碾轮混砂机（S114型）：2025mm×1880mm×1699mm，单机重3.9t	台	2

【例2-16】安装两台清理设备，本体安装，单机重10.5t，如图2-10所示。试计算其清单工程量。

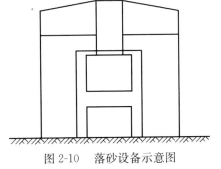

图2-10 落砂设备示意图

【解】

清理设备安装工程量＝2 台

清单工程量计算见表 2-19。

清单工程量计算表　　　　　　　　　　　　　表 2-19

项目编码	项目名称	项目特征描述	计量单位	工程量
030103005001	清理设备	清理设备，单机重 10.5t	台	2

【例 2-17】 安装三台型号为 J116 型的卧式冷室压铸机，如图 2-11 所示，外形尺寸（长×宽×高）为：3670mm×1200mm×1360mm，单机重量 4.65t。试计算其清单工程量。

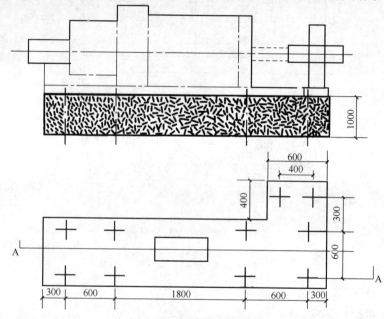

图 2-11　卧式冷室压铸机

【解】

金属型铸造设备安装工程量＝3 台

清单工程量计算见表 2-20。

清单工程量计算表　　　　　　　　　　　　　表 2-20

项目编码	项目名称	项目特征描述	计量单位	工程量
030103006001	金属型铸造设备	卧式冷室压铸机（J116 型）：3670mm×1200mm×1360mm，单机重 4.65t	台	3

2.4　起重设备、起重机轨道安装清单工程量计算及实例

2.4.1　工程量清单计价规则

1. 起重设备安装

起重设备安装工程量清单项目设置、项目特征描述的内容、计量单位及工程量计算规

则，应按表 2-21 的规定执行。

起重设备安装（编码：030104）　　　　　表 2-21

项目编码	项目名称	项目特征	计量单位	工程量计算规则	工程内容
030104001	桥式起重机	1. 名称 2. 型号 3. 质量 4. 跨距 5. 起重质量 6. 配线材质、规格、敷设方式 7. 单机试运转要求	台	按设计图示数量计算	1. 本体组装 2. 起重设备电气安装、调试 3. 单机试运转 4. 补刷（喷）油漆
030104002	吊钩门式起重机				
030104003	梁式起重机				
030104004	电动壁行悬臂挂式起重机				
030104005	旋臂壁式起重机				
030104006	旋臂立柱式起重机				
030104007	电动葫芦				
030104008	单轨小车				

2. 起重机轨道安装

起重机轨道安装工程量清单项目设置、项目特征描述的内容、计量单位及工程量计算规则，应按表 2-22 的规定执行。

起重机轨道安装（编码：030105）　　　　　表 2-22

项目编码	项目名称	项目特征	计量单位	工程量计算规则	工程内容
030105001	起重机轨道	1. 安装部位 2. 固定方式 3. 纵横向孔距 4. 型号 5. 规格 6. 车挡材质	m	按设计图示尺寸，以单根轨道长度计算	1. 轨道安装 2. 车挡制作、安装

2.4.2 工程量清单计价实例

【例 2-18】安装两台电动双梁桥式起重机，150/30t，跨度 22mm，单机重 130t，安装高度 25mm，机重件 35t。试计算其清单工程量。

【解】

桥式起重机安装工程量＝2 台

清单工程量计算见表 2-23。

清单工程量计算表　　　　　表 2-23

项目编码	项目名称	项目特征描述	计量单位	工程量
030104001001	桥式起重机	电动双梁桥式起重机，150/30t，跨度 22mm，单机重 130t，安装高度 25mm，机重件 35t	台	2

【例 2-19】混凝土梁上起重机轨道安装，单根轨道长度为 155m，压板螺栓固定，纵向孔距 650mm，横向孔距 280mm，轨道型号 43kg/m，车挡重 1.2t，制作安装。试计算其清单工程量。

【解】

起重机轨道安装工程量＝155m

清单工程量计算见表 2-24。

清单工程量计算表

表 2-24

项目编码	项目名称	项目特征描述	计量单位	工程量
030105001001	起重机轨道	安装在混凝土梁上；压板螺栓固定；纵向孔距600mm，横向孔距280mm，型号43kg/m	m	155

2.5 风机安装清单工程量计算及实例

2.5.1 工程量清单计价规则

风机安装工程量清单项目设置、项目特征描述的内容、计量单位及工程量计算规则，应按表 2-25 的规定执行。

风机安装（编码：030108）

表 2-25

项目编码	项目名称	项目特征	计量单位	工程量计算规则	工程内容
030108001	离心式通风机	1. 名称 2. 型号 3. 规格 4. 质量 5. 材质 6. 减振底座形式、数量 7. 灌浆配合比 8. 单机试运转要求	台	按设计图示数量计算	1. 本体安装 2. 拆装检查（按规范和设计要求） 3. 减振台座制作、安装 4. 二次灌浆 5. 单机试运转 6. 补刷（喷）油漆
030108002	离心式引风机				
030108003	轴流通风机				
030108004	回转式鼓风机				
030108005	离心式鼓风机				
030108006	其他风机				

2.5.2 清单相关问题及说明

（1）直联式风机的质量包括本体及电动机、底座的总质量。

（2）风机支架应按《通用安装工程工程量计算规范》GB 50856—2013 附录 C 静置设备与工艺金属结构制作安装工程相关项目编码列项。

2.5.3 工程量清单计价实例

【例 2-20】 安装两台型号为 HZ-125C 的回转式鼓风机，单机重 0.6t，如图 2-12 所示。试计算其清单工程量。

【解】

回转式鼓风机安装工程量＝2 台

清单工程量计算见表 2-26。

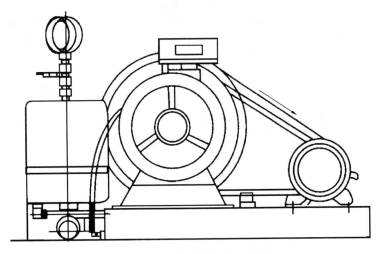

图 2-12　回转式鼓风机示意图

清单工程量计算表　　　　　　　　　　　　　　　　　　　表 2-26

项目编码	项目名称	项目特征描述	计量单位	工程量
030108004001	回转式鼓风机	回转式鼓风机，D350，型号为 HZ-125C，单机重 0.6t	台	2

【例 2-21】安装 5 台型号为 G4-73-11 N016D 的通风机，如图 2-13 所示，风量为 127000m³/h，其外形尺寸（长×宽×高）为 3130mm×2680mm×3300mm，单机重 3.26t。试计算其清单工程量。

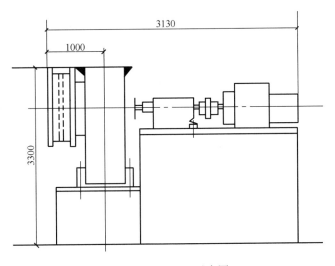

图 2-13　通风机示意图

【解】

离心式通风机安装工程量＝5 台

清单工程量计算见表 2-27。

清单工程量计算表

表 2-27

项目编码	项目名称	项目特征描述	计量单位	工程量
030108001001	离心式通风机	G4-73-11 N016D，风量为 127000m³/h，外形尺寸（长×宽×高）为：3130mm×2680mm×3300mm，单机重 3.26t	台	5

2.6 泵安装清单工程量计算及实例

2.6.1 工程量清单计价规则

泵安装工程量清单项目设置、项目特征描述的内容、计量单位及工程量计算规则，应按表 2-28 的规定执行。

泵安装（编码：030109）

表 2-28

项目编码	项目名称	项目特征	计量单位	工程量计算规则	工程内容
030109001	离心式泵	1. 名称 2. 型号 3. 规格 4. 质量 5. 材质 6. 减振装置形式、数量 7. 灌浆配合比 8. 单机试运转要求	台	按设计图示数量计算	1. 本体安装 2. 泵拆装检查 3. 电动机安装 4. 二次灌装 5. 单机试运转 6. 补刷（喷）油漆
030109002	旋涡泵				
030109003	电动往复泵				
030109004	柱塞泵				
030109005	蒸汽往复泵				
030109006	计量泵				
030109007	螺杆泵				
030109008	齿轮油泵				
030109009	真空泵				
030109010	屏蔽泵				
030109011	潜水泵				
030109012	其他泵				

2.6.2 清单相关问题及说明

直联式泵的质量包括本体、电动机及底座的总质量；非直联式的不包括电动机质量；深井泵的质量包括本体、电动机、底座及设备扬水管的总质量。

2.6.3 工程量清单计价实例

【例 2-22】安装两台型号为沅江 482-351 的双级离心泵，技术规格为：流量 16400m³/h，扬程 25m，泵的外形尺寸（长×宽×高）为：2850mm×3400mm×2900mm，单机重 24t，双级离心泵的安装示意图如图 2-14 所示。试计算其清单工程量。

【解】

离心式泵安装工程量＝2 台

清单工程量计算表见表 2-29。

清单工程量计算表

表 2-29

项目编码	项目名称	项目特征描述	计量单位	工程量
030109001001	离心式泵	双级离心泵，型号为沅江 48I-35I 型，流量 16400m³/h，扬程 25m，泵的外形尺寸（长×宽×高）为：2850mm×3400mm×2900mm，单机重 24t	台	2

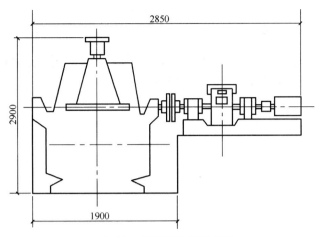

图 2-14 双级离心泵示意图

2.7 煤气发生设备安装清单工程量计算及实例

2.7.1 工程量清单计价规则

煤气发生设备安装工程量清单项目设置、项目特征描述的内容、计量单位及工程量计算规则，应按表 2-30 的规定执行。

煤气发生设备安装（编码：030112） 表 2-30

项目编码	项目名称	项目特征	计量单位	工程量计算规则	工程内容
030112001	煤气发生炉	1. 名称 2. 型号 3. 质量 4. 规格 5. 构件材质	台	按设计图示数量计算	1. 本体安装 2. 容器构件制作、安装 3. 补刷（喷）油漆
030112002	洗涤塔	1. 名称 2. 型号 3. 质量 4. 规格 5. 灌浆配合比			1. 本体安装 2. 二次灌浆 3. 补刷（喷）油漆
030112003	电气滤清器	1. 名称 2. 型号 3. 质量 4. 规格			1. 本体安装 2. 补刷（喷）油漆
030112004	竖管	1. 类型 2. 高度 3. 规格			
030112005	附属设备	1. 名称 2. 型号 3. 质量 4. 规格 5. 灌浆配合比			1. 本体安装 2. 二次灌浆 3. 补刷（喷）油漆

2.7.2　清单相关问题及说明

附属设备钢结构及导轨，应按《通用安装工程工程量计算规范》GB 50856—2013 附录 C 静置设备与工艺金属结构制作安装工程相关项目编码列项。

2.7.3　工程量清单计价实例

【例 2-23】安装两台煤气发生炉，本体安装，炉膛内径为 2m，单机重 30t。试计算其清单工程量。

【解】

煤气发生炉安装工程量＝2 台

清单工程量计算见表 2-31。

清单工程量计算表 表 2-31

项目编码	项目名称	项目特征描述	计量单位	工程量
030112001001	煤气发生炉	煤气发生炉，炉膛内径为 2m，单机重 30t	台	2

【例 2-24】安装两台格为 φ1220/H9000(mm) 的洗涤塔，单机重 20t。试计算其清单工程量。

【解】

洗涤塔安装工程量＝2 台

清单工程量计算见表 2-32。

清单工程量计算表 表 2-32

项目编码	项目名称	项目特征描述	计量单位	工程量
030112002001	洗涤塔	洗涤塔，φ1220/H9000(mm)，单机重 20t	台	2

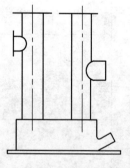

图 2-15　双联竖管示意图

【例 2-25】安装两台双联竖管，直径 800mm，重 2.5t，如图 2-15 所示，计算其相关工程量。

【解】

双联竖管安装工程量＝2 台

清单工程量计算见表 2-33。

清单工程量计算表 表 2-33

项目编码	项目名称	项目特征描述	计量单位	工程量
030112004001	竖管	双联，重 2.5t	台	2

2.8　其他机械安装清单工程量计算及实例

2.8.1　工程量清单计价规则

其他机械安装工程量清单项目设置、项目特征描述的内容、计量单位及工程量计算规则，应按表 2-34 的规定执行。

2.8 其他机械安装清单工程量计算及实例

其他机械安装（编码：030113）

表 2-34

项目编码	项目名称	项目特征	计量单位	工程量计算规则	工程内容
030113001	冷水机组	1. 名称 2. 型号 3. 质量 4. 制冷（热）形式 5. 制冷（热）量 6. 灌浆配合比 7. 单机试运转要求	台	按设计图示数量计算	1. 本体安装 2. 二次灌浆 3. 单机试运转 4. 补刷（喷）油漆
030113002	热力机组				
030113003	制冰设备	1. 名称 2. 型号 3. 质量 4. 制冰方式 5. 灌浆配合比 6. 单机试运转要求			
030113004	冷风机	1. 名称 2. 规格 3. 质量 4. 灌浆配合比 5. 单机试运转要求			
030113005	润滑油处理设备	1. 名称 2. 型号 3. 质量 4. 灌浆配合比 5. 单机试运转要求			
030113006	膨胀机				
030113007	柴油机				
030113008	柴油发电机组				
030113009	电动机				
030113010	电动发电机组				
030113011	冷凝器	1. 名称 2. 型号 3. 结构 4. 规格	台	按设计图示数量计算	1. 本体安装 2. 补刷（喷）油漆
030113012	蒸发器				
030113013	贮液器（排液桶）	1. 名称 2. 型号 3. 质量 4. 规格			
030113014	分离器	1. 名称 2. 介质 3. 规格			
030113015	过滤器				
030113016	中间冷却器	1. 名称 2. 型号 3. 质量 4. 规格			

项目编码	项目名称	项目特征	计量单位	工程量计算规则	工程内容
030113017	冷却塔	1. 名称 2. 型号 3. 规格 4. 材质 5. 质量 6. 单机试运转要求	台	按设计图示数量计算	1. 本体安装 2. 单机试运转 3. 补刷（喷）油漆
030113018	集油器	1. 名称 2. 型号 3. 规格	台	按设计图示数量计算	1. 本体安装 2. 补刷（喷）油漆
030113019	紧急泄氨器				
030113020	油视镜		支		
030113021	储气罐		台		
030113022	乙炔发生器				
030113023	水压机蓄势罐	1. 名称 2. 型号 3. 质量	台	按设计图示数量计算	1. 本体安装 2. 补刷（喷）油漆
030113024	空气分离塔	1. 名称 2. 型号 3. 规格			
030113025	小型制氧机附属设备	1. 名称 2. 型号 3. 质量			
030113026	风力发电机	1. 名称 2. 型号 3. 规格 4. 容量 5. 塔高	组	按设计图示数量计算	1. 安装 2. 调试 3. 补刷（喷）油漆

2.8.2　清单相关问题及说明

附属设备钢结构及导轨，应按《通用安装工程工程量计算规范》GB 50856—2013 附录 C 静置设备与工艺金属结构制作安装工程相关项目编码列项。

2.8.3　工程量清单计价实例

【例 2-26】安装三台膨胀机，本体安装，单机重 3.65t，试计算其清单工程量。

【解】

膨胀机安装工程量＝3 台

清单工程量计算见表 2-35。

清单工程量计算表　　　　　　表 2-35

项目编码	项目名称	项目特征描述	计量单位	工程量
030113006001	膨胀机	单机重 3.65t	台	3

【例2-27】安装1台电动机，本体安装，单机重25t。试计算其清单工程量。

【解】

电动机安装工程量＝1台

清单工程量计算见表2-36。

清单工程量计算表

表2-36

项目编码	项目名称	项目特征描述	计量单位	工程量
030113009001	电动机	电动机单机重25t	台	1

3 电气设备安装工程清单工程量计算及实例

3.1 变配电工程清单工程量计算及实例

3.1.1 工程量清单计价规则

1. 变压器安装

变压器安装工程量清单项目设置、项目特征描述的内容、计量单位及工程量计算规则，应按表 3-1 的规定执行。

变压器安装（编码：030401）　　　　　　　　　　表 3-1

项目编码	项目名称	项目特征	计量单位	工程量计算规则	工作内容
030401001	油浸电力变压器	1. 名称 2. 型号 3. 容量（kV·A） 4. 电压（kV） 5. 油过滤要求 6. 干燥要求 7. 基础型钢形式、规格 8. 网门、保护门材质、规格 9. 温控箱型号、规格	台	按设计图示数量计算	1. 本体安装 2. 基础型钢制作、安装 3. 油过滤 4. 干燥 5. 接地 6. 网门、保护门制作、安装 7. 补刷（喷）油漆
030401002	干式变压器				1. 本体安装 2. 基础型钢制作、安装 3. 温控箱安装 4. 接地 5. 网门、保护门制作、安装 6. 补刷（喷）油漆
030401003	整流变压器	1. 名称 2. 型号 3. 容量（kV·A） 4. 电压（kV） 5. 油过滤要求 6. 干燥要求 7. 基础型钢形式、规格 8. 网门、保护门材质、规格			1. 本体安装 2. 基础型钢制作、安装 3. 油过滤 4. 干燥 5. 网门、保护门制作、安装 6. 补刷（喷）油漆
030401004	自耦变压器				
030401005	有载调压变压器				

续表

项目编码	项目名称	项目特征	计量单位	工程量计算规则	工作内容
030401006	电炉变压器	1. 名称 2. 型号 3. 容量（kV·A） 4. 电压（kV） 5. 基础型钢形式、规格 6. 网门、保护门材质、规格	台	按设计图示数量计算	1. 本体安装 2. 基础型钢制作、安装 3. 网门、保护门制作、安装 4. 补刷（喷）油漆
030401007	消弧线圈	1. 名称 2. 型号 3. 容量（kV·A） 4. 电压（kV） 5. 油过滤要求 6. 干燥要求 7. 基础型钢形式、规格			1. 本体安装 2. 基础型钢制作、安装 3. 油过滤 4. 干燥 5. 补刷（喷）油漆

注：变压器油如需试验、化验、色谱分析应按《通用安装工程工程量计算规范》GB 50856—2013 附录 N 措施项目相关项目编码列项。

2. 配电装置安装

配电装置安装工程量清单项目设置、项目特征描述的内容、计量单位及工程量计算规则，应按表 3-2 的规定执行。

配电装置安装（编码：030402） 表 3-2

项目编码	项目名称	项目特征	计量单位	工程量计算规则	工作内容
030402001	油断路器	1. 名称 2. 型号 3. 容量（A） 4. 电压等级（kV） 5. 安装条件 6. 操作机构名称及型号 7. 基础型钢规格 8. 接线材质、规格 9. 安装部位 10. 油过滤要求	台	按设计图示数量计算	1. 本体安装、调试 2. 基础型钢制作、安装 3. 油过滤 4. 补刷（喷）油漆 5. 接地
030402002	真空断路器				1. 本体安装、调试 2. 基础型钢制作、安装 3. 补刷（喷）油漆 4. 接地
030402003	SF₆断路器				
030402004	空气断路器	1. 名称 2. 型号 3. 容量（A） 4. 电压等级（kV） 5. 安装条件 6. 操作机构名称及型号 7. 接线材质、规格 8. 安装部位			1. 本体安装、调试 2. 基础型钢制作、安装 3. 补刷（喷）油漆 4. 接地
030402005	真空接触器				1. 本体安装、调试 2. 补刷（喷）油漆 3. 接地
030402006	隔离开关		组		
030402007	负荷开关				

续表

项目编码	项目名称	项目特征	计量单位	工程量计算规则	工作内容
030402008	互感器	1. 名称 2. 型号 3. 规格 4. 类型 5. 油过滤要求	台	按设计图示数量计算	1. 本体安装、调试 2. 干燥 3. 油过滤 4. 接地
030402009	高压熔断器	1. 名称 2. 型号 3. 规格 4. 安装部位	组	按设计图示数量计算	1. 本体安装、调试 2. 接地
030402010	避雷器	1. 名称 2. 型号 3. 规格 4. 电压等级 5. 安装部位	组	按设计图示数量计算	1. 本体安装 2. 接地
030402011	干式电抗器	1. 名称 2. 型号 3. 规格 4. 质量 5. 安装部位 6. 干燥要求	组	按设计图示数量计算	1. 本体安装 2. 干燥
030402012	油浸电抗器	1. 名称 2. 型号 3. 规格 4. 容量（kV·A） 5. 油过滤要求 6. 干燥要求	台	按设计图示数量计算	1. 本体安装 2. 油过滤 3. 干燥
030402013	移相及串联电容器	1. 名称 2. 型号 3. 规格 4. 质量 5. 安装部位	个	按设计图示数量计算	1. 本体安装 2. 接地
030402014	集合式并联电容器	1. 名称 2. 型号 3. 规格 4. 质量 5. 安装部位	个	按设计图示数量计算	1. 本体安装 2. 接地
030402015	并联补偿电容器组架	1. 名称 2. 型号 3. 规格 4. 结构形式	台	按设计图示数量计算	1. 本体安装 2. 接地
030402016	交流滤波装置组架	1. 名称 2. 型号 3. 规格	台	按设计图示数量计算	1. 本体安装 2. 接地
030402017	高压成套配电柜	1. 名称 2. 型号 3. 规格 4. 母线配置方式 5. 种类 6. 基础型钢形式、规格	台	按设计图示数量计算	1. 本体安装 2. 基础型钢制作、安装 3. 补刷（喷）油漆 4. 接地

续表

项目编码	项目名称	项目特征	计量单位	工程量计算规则	工作内容
030402018	组合型成套箱式变电站	1. 名称 2. 型号 3. 容量（kV·A） 4. 电压（kV） 5. 组合形式 6. 基础规格、浇筑材质	台	按设计图示数量计算	1. 本体安装 2. 基础浇筑 3. 进箱母线安装 4. 补刷（喷）油漆 5. 接地

注：1. 空气断路器的储气罐及储气罐至断路器的管路应按《通用安装工程工程量计算规范》GB 50856—2013 附录 H 工业管道工程相关项目编码列项。

2. 干式电抗器项目适用于混凝土电抗器、铁芯干式电抗器、空心干式电抗器等。

3. 设备安装未包括地脚螺栓、浇注（二次灌浆、抹面），如需安装应按现行国家标准《房屋建筑与装饰工程工程量计算规范》GB 50854—2013 相关项目编码列项。

3. 蓄电池安装

蓄电池安装工程量清单项目设置、项目特征描述的内容、计量单位及工程量计算规则，应按表 3-3 的规定执行。

蓄电池安装（编码：030405）　　　　　　　　　表 3-3

项目编码	项目名称	项目特征	计量单位	工程量计算规则	工程内容
030405001	蓄电池	1. 名称 2. 型号 3. 容量（A·h） 4. 防震支架形式、材质 5. 充放电要求	个 （组件）	按设计图示数量计算	1. 本体安装 2. 防震支架安装 3. 充放电
030405002	太阳能电池	1. 名称 2. 型号 3. 规格 4. 容量 5. 安装方式	组		1. 安装 2. 电池方阵铁架安装 3. 联调

3.1.2 清单相关问题及说明

1. 变压器安装

表 3-1 适用于油浸电力变压器、干式变压器、自耦变压器、有载调压变压器、电炉变压器及消弧线圈安装等工程量清单项目的编制和计量。

从表 3-1 看，030401001～030401006 都是变压器安装项目。所以设置清单项目时，首先要区别所要安装的变压器的种类，即名称、型号，再按容量、电压、油过滤要求等来设置项目。名称、型号、容量等完全一样的，数量相加后，设置一个项目即可。型号、容量等不一样的，应分别设置项目，分别编码。

2. 配电装置安装

表 3-2 适用于各种断路器、真空接触器、隔离开关、负荷开关、互感器、电抗器、电容器、滤液装置、高压成套配电柜及组合型成套箱式变电站等配电装置安装的工程量清单项目设置与计量。

(1) 表 3-2 包括了各种配电设备安装工程的清单项目，但其项目特征大部分是一样的，即设备名称、型号、规格（容量），它们的组合就是该清单项目的名称，但在项目特征中，有一特征为"质量"，该"质量"是对"重量"的规范用语，它不是表示设备质量的优或合格，而是指设备的重量，如电抗器、电容器安装时，均以重量划类区别，所以其项目特征栏中就有"质量"二字。

(2) 油断路的 SF_6 断路器等清单项目描述时，一定要说明绝缘油、SF_6 气体是否设备带有，以便计价时确定是否计算此部分费用。

(3) 设备安装如有地脚螺栓者，清单中应注明是由土建预埋还是由安装者浇筑，以便确定是否计算二次灌浆费用（包括抹面）。

(4) 绝缘油过滤的描述和过滤油量的计算参照绝缘油过滤的相关内容。

(5) 高压设备的安装没有综合绝缘台安装。如果设计有此要求，其内容一定要表述清楚，避免漏项。

3. 蓄电池安装

表 3-3 适用于包括碱性蓄电池、固定密闭式铅酸蓄电池和免维护铅酸蓄电池、太阳能电池等各种蓄电池安装工程工程量清单项目设置与计量。

(1) 如果设计要求蓄电池抽头连接用电缆及电缆保护管时，应在清单项目中予以描述，以便计价。

(2) 蓄电池电解液如需承包方提供，也应描述。

(3) 蓄电池充放电费用综合在安装单价中，按"组"充放电，但需摊到每一个蓄电池的安装综合单价中报价。

3.1.3　工程量清单计价实例

【例 3-1】某电气设备安装工程需要安装 2 台型号为 SL1-1000kV·A/10kV 和 3 台型号为 SL1-500kV·A/10kV 的油浸电力变压器，其中 SL1-1000kV·A/10kV 需做干燥处理，其绝缘油要过滤。试计算其清单工程量。

【解】

(1) 油浸电力变压器 SL1-1000kV·A/10kV

工程量=2 台

(2) 油浸电力变压器 SL1-500kV·A/10kV

工程量=3 台

油浸电力变压器工程量见表 3-4。

清单工程量计算表 　　　　　　　　　　表 3-4

项目编码	项目名称	项目特征描述	计量单位	工程量
030401001001	油浸电力变压器	1. 名称：油浸电力变压器 2. 型号、容量（kV·A）：SL1-1000kV·A/10kV 3. 做干燥处理 4. 绝缘油过滤	台	2
030401001002	油浸电力变压器	1. 名称：油浸电力变压器 2. 型号、容量（kV·A）：SL1-500kV·A/10kV	台	3

【例 3-2】某室外变压器安装示意图如图 3-1 所示，安装 5 台型号为 SG-100kV·A/10-0.4 的干式电力变压器，铁构件制作、安装。试计算其清单工程量。

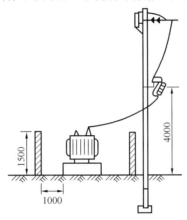

图 3-1　室外变压器安装示意图

【解】

干式变压器工程量＝5 台

清单工程量计算见表 3-5。

清单工程量计算表 　　　　　　　　　　表 3-5

项目编码	项目名称	项目特征描述	计量单位	工程量
030401002001	干式变压器	干式电力变压器安装，SG-100kV·A/10-0.4，铁构件制作、安装	台	5

【例 3-3】某电气工程需要安装四台 10kV 干式接地变压器，其中两台变压器型号为 SCLB-JD-800/200kVA、另两台变压器型号为 DKSCLB-606/125kVA，试做出该项目的清单列项。

【解】

变压器型号为 SCLB-JD-800/200kV·A 的工程量：2 台。

变压器型号为 DKSCLB-606/125kV·A 的工程量：2 台。

清单工程量计算见表 3-6。

清单工程量计算表 　　　　　　　　　　表 3-6

序号	项目编码	项目名称	项目特征描述	计量单位	工程量
1	030401002001	干式接地变压器	名称：10kV 干式接地变压器 型号：SCLB-JD 容量：200kV·A	台	2
2	030401002002	干式接地变压器	名称：10kV 干式接地变压器 型号：DKSCLB 容量：125kV·A	台	2

【例3-4】 某电力公司安装项目，需要安装5台型号为ZHSFPZ-100kV的整流变压器，其定额容量为2500kV·A，试计算其清单工程量。

【解】

ZHSFPZ-100kV的整流变压器工程量＝5台

清单工程量计算见表3-7。

清单工程量计算表 表3-7

项目编码	项目名称	项目特征描述	计量单位	工程量
030401003001	整流变压器	ZHSFPZ-100kV 定额容量为2500kV·A	台	5

【例3-5】 某企业职工宿舍楼配电图如图3-2所示，该宿舍楼的配电是由临近的变电所提供的，变电所内的整流变压器容量为100kV·A，另外在车间内部还有一套供紧急停电情况下使用的发电系统（空冷式发电机，容量3000kW）。试计算该配电工程所使用仪器的清单工程量。

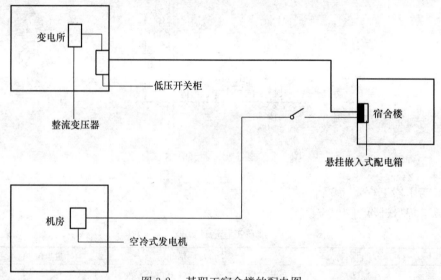

图3-2 某职工宿舍楼的配电图

【解】

清单工程量计算见表3-8。

清单工程量计算表 表3-8

项目编码	项目名称	项目特征描述	计量单位	工程量
030401003001	整流变压器	容量100kV·A	台	1
030406001001	发电机	空冷式发电机，容量3000kW	台	1
030404018001	配电箱	悬挂嵌入式	台	1
030404004001	低压开关柜（屏）	重量30kg	台	1

【例3-6】 某电力公司需安装3台SGSBKOSG-10kV的自耦变压器，试计算其清单工程量。

【解】

自耦变压器安装清单工程量按设计图示数量计算。

工程量＝3台

清单工程量计算见表 3-9。

清单工程量计算表   表 3-9

项目编码	项目名称	项目特征描述	计量单位	工程量
030401004001	自耦变压器	SGSBKOSG-10kV	台	3

【例 3-7】某电气试验需要用 3 台 SZ9-200/10 的有载调压变压器调节电源电压，其容量为 200kV·A，试计算其清单工程量。

【解】

有载调压变压器安装清单工程量按设计图示数量计算。

工程量＝3 台

清单工程量计算见表 3-10。

清单工程量计算表   表 3-10

项目编码	项目名称	项目特征描述	计量单位	工程量
030401005001	有载调压变压器	SZ9-200/10 容量为 200kV·A	台	3

【例 3-8】某工程需安装 3 台型号为 XDJ-3800/60 和 3 台型号为 XDJ-2200/35 的消弧线圈，用于补偿电容器电流。试计算其清单工程量。

【解】

消弧线圈工程量按设计图示数量计算。

清单工程量计算见表 3-11。

清单工程量计算表   表 3-11

项目编码	项目名称	项目特征描述	计量单位	工程量
030401007001	消弧线圈	型号为 XDJ-3800/60	台	3
030401007002	消弧线圈	型号为 XDJ-2200/35	台	3

【例 3-9】某额定电压 1140V、额定电流 250A 的馈电网络，需要安装 6 台型号为 CKJ5-250A 型低压真空交流接触器供远距离接通和分断电路，以及频繁启动和停止交流电动机之用。试计算其清单工程量。

【解】

真空接触器安装清单工程量按设计图示数量计算。

工程量＝6 台

清单工程量计算见表 3-12。

清单工程量计算表   表 3-12

项目编码	项目名称	项目特征描述	计量单位	工程量
030402005001	真空接触器	型号为 CKJ5-250A 型	台	6

【例 3-10】如图 3-3 所示，在墙上安装 3 组 10kV 户外交流高压负荷开关，其型号为 FW4-10，试计算其工程量。

【解】

负荷开关安装清单工程量按设计图示数量计算。

工程量＝3 组

清单工程量计算见表 3-13。

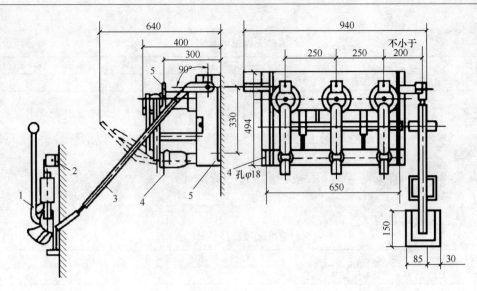

图 3-3　在墙上安装 10kV 负荷开关图

1—操动机构；2—辅助开关；3—连杆；4—接线板；5—负荷开关

清单工程量计算表　　　　　　　　　　　　　　　　　　　表 3-13

项目编码	项目名称	项目特征描述	计量单位	工程量
030402007001	负荷开关	FW4-10 户外交流高压负荷开关	组	3

【例 3-11】某电力网采用 6 个 BW0.23 集合式并联电容器来调整运行电压，试计算清单工程量。

【解】

集合式并联电容器安装清单工程量按设计图示数量计算。

工程量＝6 个

清单工程量计算见表 3-14。

清单工程量计算表　　　　　　　　　　　　　　　　　　　表 3-14

项目编码	项目名称	项目特征描述	计量单位	工程量
030402014001	集合式并联电容器	BW0.23	个	6

【例 3-12】某电力工程安装了 2 台型号为 GFC-15（F）的高压配电柜，如图 3-4 所示，高压配电柜的额定电压为 3~10kV，试计算其工程量。

【解】

高压成套配电柜安装清单工程量按设计图示数量计算。

工程量＝2 台

高压成套配电柜工程量见表 3-15。

清单工程量计算表　　　　　　　　　　　　　　　　　　　表 3-15

项目编码	项目名称	项目特征描述	计量单位	工程量
030402017001	高压成套配电柜	型号为 GFC-15（F）额定电压为 3~10kV	台	2

【例 3-13】某电力工程设计安装 6-QA-40S 型蓄电池 13 个，额定电压为 12V，额定容量为 40A·h，试计算蓄电池的清单工程量。

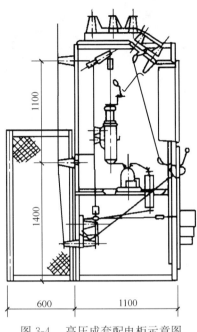

图 3-4 高压成套配电柜示意图

【解】

蓄电池安装工程量＝13 个

蓄电池的工程量计算见表 3-16。

清单工程量计算表 表 3-16

项目编码	项目名称	项目特征描述	计量单位	工程量
030405001001	蓄电池	6-QA-40S 型蓄电池 额定电压为 12V 额定容量为 40A·h	个	13

【例 3-14】某新建综合楼项目，要在两幢办公楼的平屋顶上分别设计布置 800 组发电功率为 180W 和 420 组发电功率为 170W 的太阳能电池，试计算其工程量。

【解】

太阳能电池工程量见表 3-17。

清单工程量计算表 表 3-17

项目编码	项目名称	项目特征描述	计量单位	工程量
030405002001	太阳能电池	发电功率为 180W	组	800
030405002002	太阳能电池	发电功率为 170W	组	420

3.2 线路安装工程清单工程量计算及实例

3.2.1 工程量清单计价规则

1. 母线安装

母线安装工程量清单项目设置、项目特征描述的内容、计量单位及工程量计算规则，应按表 3-18 的规定执行。

母线安装（编码：030403）　　　　　　　　　　　　表 3-18

项目编码	项目名称	项目特征	计量单位	工程量计算规则	工作内容
030403001	软母线	1. 名称 2. 材质 3. 型号 4. 规格 5. 绝缘子类型、规格		按设计图示尺寸以单相长度计算（含预留长度）	1. 母线安装 2. 绝缘子耐压试验 3. 跳线安装 4. 绝缘子安装
030403002	组合软母线				
030403003	带形母线	1. 名称 2. 型号 3. 规格 4. 材质 5. 绝缘子类型、规格 6. 穿墙套管材质、规格 7. 穿通板材质、规格 8. 母线桥材质、规格 9. 引下线材质、规格 10. 伸缩节、过渡板材质、规格 11. 分相漆品种	m	按设计图示尺寸以单相长度计算（含预留长度）	1. 母线安装 2. 穿通板制作、安装 3. 支持绝缘子、穿墙套管的耐压试验、安装 4. 引下线安装 5. 伸缩节安装 6. 过渡板安装 7. 刷分相漆
030403004	槽形母线	1. 名称 2. 型号 3. 规格 4. 材质 5. 连接设备名称、规格 6. 分相漆品种			1. 母线制作、安装 2. 与发电机、变压器连接 3. 与断路器、隔离开关连接 4. 刷分相漆
030403005	共箱母线	1. 名称 2. 型号 3. 规格 4. 材质		按设计图示尺寸以中心线长度计算	1. 母线安装 2. 补刷（喷）油漆
030403006	低压封闭式插接母线槽	1. 名称 2. 型号 3. 规格 4. 容量（A） 5. 线制 6. 安装部位			
030403007	始端箱、分线箱	1. 名称 2. 型号 3. 规格 4. 容量（A）	台	按设计图示数量计算	1. 本体安装 2. 补刷（喷）油漆

续表

项目编码	项目名称	项目特征	计量单位	工程量计算规则	工作内容
030403008	重型母线	1. 名称 2. 型号 3. 规格 4. 容量（A） 5. 材质 6. 绝缘子类型、规格 7. 伸缩器及导板规格	t	按设计图示尺寸以质量计算	1. 母线制作、安装 2. 伸缩器及导板制作、安装 3. 支持绝缘子安装 4. 补刷（喷）油漆

注：1. 软母线安装预留长度见表3-19。

　　2. 硬母线配置安装预留长度见表3-20。

软母线安装预留长度（单位：m/根）　　　　　　　　　　表 3-19

项　　目	耐　　张	跳　　线	引下线、设备连接线
预留长度	2.5	0.8	0.6

硬母线配置安装预留长度（单位：m/根）　　　　　　　　表 3-20

序号	项　　目	预留长度	说　　明
1	带形、槽形母线终端	0.3	从最后一个支持点算起
2	带形、槽形母线与分支线连接	0.5	分支线预留
3	带形母线与设备连接	0.5	从设备端子接口算起
4	多片重型母线与设备连接	1.0	从设备端子接口算起
5	槽形母线与设备连接	0.5	从设备端子接口算起

2. 滑触线装置安装

滑触线装置安装工程量清单项目设置、项目特征描述的内容、计量单位及工程量计算规则，应按表3-21的规定执行。

滑触线装置安装（编码：030407）　　　　　　　　　　表 3-21

项目编码	项目名称	项目特征	计量单位	工程量计算规则	工程内容
030407001	滑触线	1. 名称 2. 型号 3. 规格 4. 材质 5. 支架形式、材质 6. 移动软电缆材质、规格、安装部位 7. 拉紧装置类型 8. 伸缩接头材质、规格	m	按设计图示尺寸以单相长度计算（含预留长度）	1. 滑触线安装 2. 滑触线支架制作、安装 3. 拉紧装置及挂式支持器制作、安装 4. 移动软电缆安装 5. 伸缩接头制作、安装

注：1. 支架基础铁件及螺栓是否浇注需说明。

　　2. 滑触线安装预留长度见表3-22。

滑触线安装预留长度（单位：m/根）　　　　　　　　　　表3-22

序号	项　　目	预留长度	说　　明
1	圆钢、铜母线与设备连接	0.2	从设备接线端子接口算起
2	圆钢、铜滑触线终端	0.5	从最后一个固定算起
3	角钢滑触线终端	1.0	从最后一个支持点算起
4	扁钢滑触线终端	1.3	从最后一个固定算起
5	扁钢母线分支	0.5	分支线预留
6	扁钢母线与设备连接	0.5	从设备接线端子接口算起
7	轻轨滑触线终端	0.8	从最后一个支持点算起
8	安全节能及其他滑触线终端	0.5	从最后一个固定算起

3. 电缆安装

电缆安装工程量清单项目设置、项目特征描述的内容、计量单位及工程量计算规则，应按表3-23的规定执行。

电缆安装（编码：030408）　　　　　　　　　　表3-23

项目编码	项目名称	项目特征	计量单位	工程量计算规则	工作内容
030408001	电力电缆	1. 名称 2. 型号		按设计图示尺寸以长度计算（含预留长度及附加长度）	1. 电缆敷设 2. 揭（盖）盖板
030408002	控制电缆	3. 规格 4. 材质 5. 敷设方式、部位 6. 电压等级（kV） 7. 地形			
030408003	电缆保护管	1. 名称 2. 材质 3. 规格 4. 敷设方式	m		保护管敷设
030408004	电缆槽盒	1. 名称 2. 材质 3. 规格 4. 型号		按设计图示尺寸以长度计算	槽盒安装
030408005	铺砂、盖保护板（砖）	1. 种类 2. 规格			1. 铺砂 2. 盖板（砖）
030408006	电力电缆头	1. 名称 2. 型号 3. 规格 4. 材质、类型 5. 安装部位 6. 电压等级（kV）	个	按设计图示数量计算	1. 电力电缆头制作 2. 电力电缆头安装 3. 接地
030408007	控制电缆头	1. 名称 2. 型号 3. 规格 4. 材质、类型 5. 安装方式			

续表

项目编码	项目名称	项目特征	计量单位	工程量计算规则	工作内容
030408008	防火堵洞	1. 名称 2. 材质 3. 方式 4. 部位	处	按设计图示数量计算	安装
030408009	防火隔板		m²	按设计图示尺寸以面积计算	
030408010	防火涂料		kg	按设计图示尺寸以质量计算	
030408011	电缆分支箱	1. 名称 2. 型号 3. 规格 4. 基础形式、材质、规格	台	按设计图示数量计算	1. 本体安装 2. 基础制作、安装

注：1. 电缆穿刺线夹按电缆头编码列项。
2. 电缆井、电缆排管、顶管，应按现行国家标准《市政工程工程量计算规范》GB 50857—2013 相关项目编码列项。
3. 电缆敷设预留长度及附加长度见表 3-24。

电缆敷设预留及附加长度　　　　　　　　表 3-24

序号	项目	预留长度	说明
1	电缆敷设弛度、波形弯度、交叉	2.5%	按电缆全长计算
2	电缆进入建筑物	2.0m	规范规定最小值
3	电缆进入沟内或吊架时引上（下）预留	1.5m	规范规定最小值
4	变电所进线、出线	1.5m	规范规定最小值
5	电力电缆终端头	1.5m	检修余量最小值
6	电缆中间接头盒	两端各留 2.0m	检修余量最小值
7	电缆进控制、保护屏及模拟盘、配电箱等	高＋宽	按盘面尺寸
8	高压开关柜及低压配电盘、箱	2.0m	盘下进出线
9	电缆至电动机	0.5m	从电动机接线盒起算
10	厂用变压	3.0m	地坪起算
11	电缆绕过梁柱等增加长度	按实计算	按被绕物的断面情况计算增加长度
12	电梯电缆与电缆架固定点	每处 0.5m	规范规定最小值

4.10kV 以下架空配电线路

10kV 以下架空配电线路工程量清单项目设置、项目特征描述的内容、计量单位及工程量计算规则，应按表 3-25 的规定执行。

10kV 以下架空配电线路（编码：030410）　　　表 3-25

项目编码	项目名称	项目特征	计量单位	工程量计算规则	工作内容
030410001	电杆组立	1. 名称 2. 材质 3. 规格 4. 类型 5. 地形 6. 土质 7. 底盘、拉盘、卡盘规格 8. 拉线材质、规格、类型 9. 现浇基础类型、钢筋类型、规格，基础垫层要求 10. 电杆防腐要求	根（基）	按设计图示数量计算	1. 施工定位 2. 电杆组立 3. 土（石）方挖填 4. 底盘、拉盘、卡盘安装 5. 电杆防腐 6. 拉线制作、安装 7. 现浇基础、基础垫层 8. 工地运输
030410002	横担组装	1. 名称 2. 材质 3. 规格 4. 类型 5. 电压等级（kV） 6. 瓷瓶型号、规格 7. 金具品种规格	组		1. 横担安装 2. 瓷瓶、金具组装
030410003	导线架设	1. 名称 2. 型号 3. 规格 4. 地形 5. 跨越类型	km	按设计图示尺寸以单线长度计算（含预留长度）	1. 导线架设 2. 导线跨越及进户线架设 3. 工地运输
030410004	杆上设备	1. 名称 2. 型号 3. 规格 4. 电压等级（kV） 5. 支撑架种类、规格 6. 接线端子材质、规格 7. 接地要求	台（组）	按设计图示数量计算	1. 支撑架安装 2. 本体安装 3. 焊压接线端子、接线 4. 补刷（喷）油漆 5. 接地

注：架空导线预留长度见表 3-26。

架空导线预留长度（单位：m/根）　　　表 3-26

项　　　目		预　留　长　度
高压	转角	2.5
	分支、终端	2.0
低压	分支、终端	0.5
	交叉跳线转角	1.5
与设备连线		0.5
进户线		2.5

5. 配管、配线

配管、配线工程量清单项目设置、项目特征描述的内容、计量单位及工程量计算规则，应按表 3-27 的规定执行。

配管、配线（编码：030411） 表 3-27

项目编码	项目名称	项目特征	计量单位	工程量计算规则	工作内容
030411001	配管	1. 名称 2. 材质 3. 规格 4. 配置形式 5. 接地要求 6. 钢索材质、规格	m	按设计图示尺寸以长度计算	1. 电线管路敷设 2. 钢索架设（拉紧装置安装） 3. 预留沟槽 4. 接地
030411002	线槽	1. 名称 2. 材质 3. 规格			1. 本体安装 2. 补刷（喷）油漆
030411003	桥架	1. 名称 2. 型号 3. 规格 4. 材质 5. 类型 6. 接地方式			1. 本体安装 2. 接地
030411004	配线	1. 名称 2. 配线形式 3. 型号 4. 规格 5. 材质 6. 配线部位 7. 配线线制 8. 钢索材质、规格	m	按设计图示尺寸以单线长度计算（含预留长度）	1. 配线 2. 钢索架设（拉紧装置安装） 3. 支持体（夹板、绝缘子、槽板等）安装
030411005	接线箱	1. 名称 2. 材质 3. 规格 4. 安装形式	个	按设计图示数量计算	本体安装
030411006	接线盒				

注：1. 配管、线槽安装不扣除管路中间的接线箱（盒）、灯头盒、开关盒所占长度。
2. 配管名称指电线管、钢管、防爆管、塑料管、软管、波纹管等。
3. 配管配置形式指明配、暗配、吊顶内、钢结构支架、钢索配管、埋地敷设、水下敷设、砌筑沟内敷设等。
4. 配线名称指管内穿线、瓷夹板配线、塑料夹板配线、绝缘子配线、槽板配线、塑料护套配线、线槽配线、车间带形母线等。
5. 配线形式指照明线路，动力线路，木结构，顶棚内，砖、混凝土结构，沿支架、钢索、屋架、梁、柱、墙，以及跨屋架、梁、柱。
6. 配线保护管遇到下列情况之一时，应增设管路接线盒和拉线盒：①管长度每超过 30m，无弯曲；②管长度每超过 20m，有 1 个弯曲；③管长度每超过 15m，有 2 个弯曲；④管长度每超过 8m，有 3 个弯曲。
垂直敷设的电线保护管遇到下列情况之一时，应增设固定导线用的拉线盒：①管内导线截面为 50mm² 及以下，长度每超过 30m；②管内导线截面为 70～95mm²，长度每超过 20m；③管内导线截面为 120～240mm²，长度每超过 18m。在配管清单项目计量时，设计无要求时上述规定可以作为计量接线盒、拉线盒的依据。
7. 配管安装中不包括凿槽、刨沟。
8. 配线进入箱、柜、板的预留长度见表 3-28。

配线进入箱、柜、板的预留长度（单位：m/根） 表 3-28

序号	项　　目	预留长度/m	说　　明
1	各种开关箱、柜、板	高＋宽	盘面尺寸
2	单独安装（无箱、盘）的铁壳开关、闸刀开关、启动器、线槽进出线盒	0.3	从安装对象中心起算
3	由地面管子出口引至动力接线箱	1.0	从管口计算
4	电源与管内导线连接（管内穿线与软、硬母线接点）	1.5	从管口计算
5	出户线	1.5	从管口计算

3.2.2　清单相关问题及说明

1. 母线安装

表 3-18 适用于软母线、带型母线、槽形母线、共箱母线、低压封闭插接母线、始端箱、分线箱、重型母线等母线安装工程工程量清单项目设置与计量。

（1）有关预留长度，在做清单项目综合单价时，按设计要求或施工验收规范的规定长度一并考虑。

（2）清单的工程量为实体的净值，其损耗量由报价人根据自身情况而定。中介在做标底时，可参考定额的消耗量，无论是报价还是做标底，在参考定额时，要注意主要材料及辅材的消耗量在定额中的有关规定。如母线安装定额中就没有包括主辅材的消耗量。

2. 滑触线装置安装

表 3-21 适用于轻型、节能型滑触线，扁钢、角钢、圆钢、工字钢滑触线及移动软电缆等各种滑触线安装工程量清单项目的设置与计量。

（1）清单项目应描述支架的基础铁件及螺栓是否由承包商浇注。

（2）沿轨道敷设软电缆清单项目，要说明是否包括轨道安装和滑轮制作的内容，以便报价。

（3）滑触线安装的预留长度不作为实物量计量，按设计要求或规范规定长度，在综合单价中考虑。

3. 电缆安装

表 3-23 适用于电力电缆、控制电缆、电缆、保护管、电缆槽盒、铺砂、盖保护板（砖）、电力电缆头、控制电缆头、防火堵洞、防火隔板、防火涂料电缆分支箱等相关工程的工程量清单项目的设置和计量。其中电缆保护管敷设项目指埋地暗敷设或非埋地的明敷设两种；不适用于过路或过基础的保护管敷设。

（1）电缆沟土方工程量清单按《房屋建筑与装饰工程工程量计算规范》GB 50854—2013 附录 A 设置编码。项目表述时，要表明沟的平均深度、土质和铺砂盖砖的要求。

（2）电缆敷设中所有预留量，应按设计要求或规范规定的长度，考虑在综合单价中，而不作为实物量。

（3）电缆敷设需要综合的项目很多，一定要描述清楚。如其工程内容：电缆敷设；揭（盖）盖板；保护管敷设；槽盒安装；电力电缆头制作；电力电缆头安装；接地等。

4. 10kV 以下架空配电线路

表 3-25 适用于电杆组立、导线架设两大部分项目的工程量清单项目的设置与计量。

（1）杆坑挖填土清单项目按《通用安装工程工程量计算规范》GB 50856—2013 附录 A 的规定设置、编码。

（2）杆上变配电设备项目按《通用安装工程工程量计算规范》GB 50856—2013 中相关项目的规定度量与计量。

（3）在需要时，对杆坑的土质情况、沿途地形予以描述。

（4）架空线路的各种预留长度，按设计要求或施工及验收规范规定的长度计算在综合单价内。

5. 配管、配线

表 3-27 适用于电气工程的配管、配线工程量清单项目的设置与计量。配管包括电线管敷设，钢管及防煤钢管敷设，可挠金属管敷设，塑料管（硬质聚氯乙烯管、刚性阻燃管、半硬质阻燃管）敷设。配线包括管内穿线，瓷夹板配线，塑料夹板配线，鼓型、针式、蝶式绝缘子配线，木槽板、塑料槽板配线，塑料护套线敷设，线槽配线。

（1）金属软管敷设不单设清单项目，在相关设备安装或电机核查接线清单项目的综合单价中考虑。

（2）在配线工程中，所有的预留量（指与设备连接）均应依据设计要求或施工及验收规范规定的长度考虑在综合单价中，而不作为实物量计算。

（3）根据配管工艺的需要和计量的连续性，规范的接线箱（盒）、拉线盒、灯位盒综合在配管工程中，关于接线盒、拉线盒的设置按施工及验收规范的规定执行。

3.2.3 工程量清单计价实例

【例 3-15】某电气工程安装组合软母线 3 根，采用塑料钢芯线 BVV-25mm^2，跨度为 108m，试计算清单工程量。

【解】

工程量＝108m

清单工程量计算表见表 3-29。

清单工程量计算表　　　　　　　　　　　　　　　　表 3-29

项目编码	项目名称	项目特征描述	计量单位	工程量
030403002001	组合软母线	塑料钢芯线 BVV-25mm^2	m	108

【例 3-16】设某工程施工图设计要求工程信号盘 2 块，直流盘 3 块，共计 5 块，盘宽 900mm，安装小母线 15 根，试计算小母线安装总长度。

【解】

$$5×0.9×15＋15×5×0.05＝71.25m$$

清单工程量计算表见表 3-30。

清单工程量计算表　　　　　　　　　　　　　　　　表 3-30

项目编码	项目名称	项目特征描述	计量单位	工程量
030403003001	带形母线	信号盘 2 块，直流盘 3 块，盘宽 900mm，安装小母线	m	71.25

【例 3-17】某工厂车间变电所采用每相 1 片截面为 1000mm² 带形铜母线，按设计图示尺寸计算为 350m，试计算其安装工程量。

【解】

该母线一端与高压配电柜相接，故其工程量为：

350＋0.5＝350.5m

注：0.5m 为预留长度。

清单工程量计算表见表 3-31。

清单工程量计算表 表 3-31

项目编码	项目名称	项目特征描述	计量单位	工程量
030403003001	带形母线	接地母线，1000mm² 带形母线	m	350.5

【例 3-18】某电气安装工程中的低压封闭式插接母线槽安装，其型号为 CFW-2-400，共 320m，进、出分线箱 400A，型钢支吊架制安 850kg，试计算其工程量。

【解】

低压封闭式插接母线槽工程量＝320m

清单工程量计算表见表 3-32。

清单工程量计算表 表 3-32

项目编码	项目名称	项目特征描述	计量单位	工程量
030403006001	低压封闭式插接母线槽	低压封闭式插接母线槽 CFW-2-400，进出分线箱 400A，型钢支吊架制安 850kg	m	320

【例 3-19】某房间电气线路安装过程中，需要做线路分支处理，设计使用母线始端箱（1250A）4 台，分线箱（300A）5 台，试计算其工程量。

【解】

始端箱、分线箱工程量＝4＋5＝9 台

清单工程量计算见表 3-33。

清单工程量计算表 表 3-33

项目编码	项目名称	项目特征描述	计量单位	工程量
030403007001	始端箱、分线箱	始端箱 1250A，分线箱 300A	台	9

【例 3-20】某单层厂房触滑线平面布置图如图 3-5 所示。柱间距为 3.5m，共 6 跨，在柱高 7.5m 处安装滑触线支架（60mm×60mm×6mm，每米重 4.12kg），如图 3-6 所示，采用螺栓固定，滑触线（50mm×50mm×5mm，每米重 2.63kg）两端设置指示灯，试计算其工程量。

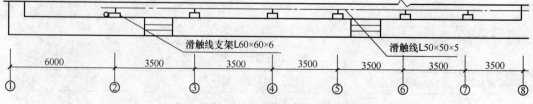

图 3-5 某单层厂房滑触线平面布置图

说明：室内外地坪标高相同（±0.010），图中尺寸标注均以 mm 计。

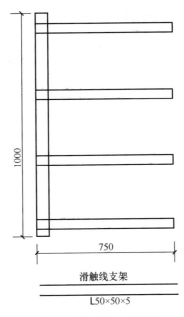

图 3-6 滑触线支架安装

【解】

根据工程量计算规则：

工程量＝(3.5×6＋1＋1)×4＝92m

清单工程量计算表见表 3-34。

清单工程量计算表 表 3-34

项目编码	项目名称	项目特征描述	计量单位	工程量
030407001001	滑触线	滑触线安装 L50×50×5，滑触线支架 6 副	m	92

【例 3-21】某车间电气动力工程安装滑触线，滑触线共长 9.5m，两端预留长度为 1.5m，试计算滑触线的工程量。

【解】

滑触线的工程量＝9.5＋1.5＋1.5＝12.5m

【例 3-22】某车间配电箱安装示意图如图 3-7 所示，电源配电箱 DLX（2m×1m）安

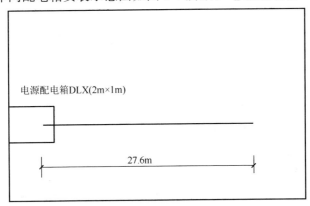

图 3-7 配电箱安装示意图

装在 15 号基础槽钢上,车间内另设备用配电箱 1 台(1m×0.8m)墙上暗装,其电源由 DLX 以 2R-VV4×50+1×16 穿电镀管 $DN90$ 沿地面敷设引来(电缆、电镀管长 27.6m,电缆截面积 35mm²)。电缆进出配电箱的预留长度为 2m/台;电缆终端头的预留长度为 1.5m/个。试计算其清单工程量。

【解】

铜芯电力电缆敷设工程量为:

$(27.6+2×2+1.5×2)×(1+2.5\%)=35.47m$

注:2.5% 为电缆敷设的附加长度系数。

清单工程量计算见表 3-35。

清单工程量计算表
表 3-35

项目编码	项目名称	项目特征描述	计量单位	工程量
030408001001	电力电缆	铜芯电力电缆	m	35.47

【例 3-23】某电缆工程采用电缆沟敷设,沟长 120m,共 16 根电缆 VV_{29} ($3×120+1×35$),分 4 层,双边,支架镀锌,试列出项目和工程量。

【解】

电力电缆沟支架制作安装工程量:120m。

清单工程量计算见表 3-36。

清单工程量计算表
表 3-36

项目编码	项目名称	项目特征描述	计量单位	工程量
030408001001	电力电缆	16 根 VV_{29} ($3×120+1×35$)	m	120

【例 3-24】某建筑低压配电柜与配电箱之间的水平距离为 20m,配电线路采用五芯电力电缆 VV−3×25+2×16,在电缆沟内敷设,电缆沟的深度为 0.75m,宽度为 0.95m,配电柜为落地式,配电箱为悬挂嵌入式,箱底边距地面为 1.5m,试计算电力电缆的清单工程量。

【解】

电力电缆安装清单工程量按设计图示尺寸以长度计算(含预留长度及附加长度)。

工程量=$(20+0.75+0.95+1.5)×(1+2.5\%)=23.78m$

电力电缆的工程量清单见表 3-37。

清单工程量计算表
表 3-37

项目编码	项目名称	项目特征描述	计量单位	工程量
030408001001	电力电缆	1kV−VV−3×25+2×16;电缆沟盖盖板;干包式电缆终端头制作安装	m	23.78

【例 3-25】某电缆敷设工程,采用电缆沟直埋铺砂盖砖,5 根 VV_{29} ($3×50+1×60$),进建筑物时电缆穿管 SC50,电缆室外水平距离 110m,中途穿过热力管沟,需要有隔热材料,进入 1 号车间后 10m 到配电柜,从配电室配电柜到外墙 5m(室内部分共 15m,用电缆穿钢管保护,本暂不列项),如图 3-8 所示,试计算该项目的清单工程量。

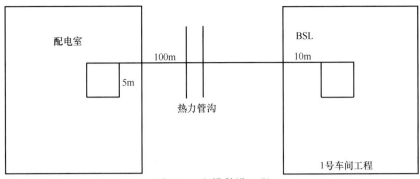

图 3-8 电缆敷设工程

【解】

电力电缆工程量：$110+10+5=125m$。

电力电缆的工程量清单见表 3-38。

清单工程量计算表 表 3-38

项目编码	项目名称	项目特征描述	计量单位	工程量
030408001001	电力电缆	5 根 VV_{29}（$3\times50+1\times60$），采用电缆沟直埋铺砂盖砖	m	125

【例 3-26】 某电力工程需要直埋控制电缆，全长 300m，单根埋设时，下宽口宽 0.4m，深 1.5m，现如果同沟并排埋设 11 根控制电缆，试计算其敷设工程量。

【解】

根据工程量计算规则，得：

工程量 $=(1.5+300)\times11\times(1+2.5\%)=3399.41m$

工程量清单计算表见表 3-39。

清单工程量计算表 表 3-39

项目编码	项目名称	项目特征描述	计量单位	工程量
030408002001	控制电缆	控制电缆直埋并列敷设	m	3399.41

【例 3-27】 某电力工程电缆埋设示意图如图 3-9 所示，电缆自 N_2 电杆（12m）引下入地埋设引至 5 号厂房 N_2 动力箱，动力箱高 2.2m，宽 0.8m，试计算其清单工程量。

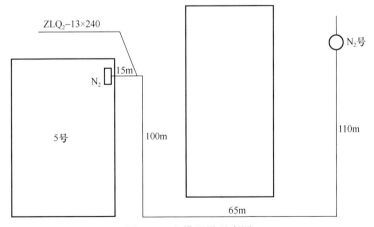

图 3-9 电缆埋设示意图

【解】

（1）电缆沟挖填土方量

$$2.28+110+65+100+15+2.28+0.4=294.96m$$
$$294.96\times0.45=132.73m^3$$

注：2.28m为电缆沟拐弯时应预留的长度，0.4m为从室外进入室内到动力箱 N_2 的距离。

（2）电缆埋设工程量

$$2.28+110+65+100+15+2.28+2\times0.8+0.4+3.0=299.56m$$

注：2.28m为电缆沟拐弯时电缆应预留的长度，共拐了两个弯；3.0m为动力箱宽＋高；0.4m为从室内到动力箱 N_2 的长度，0.8m为从电杆引入电缆沟预留的长度或电缆进入建筑物预留的长度。

（3）电缆铺砂盖砖

$$2.28+110+65+100+15+2.28=294.56m$$

（4）动力箱安装

工程量＝1台

清单工程量计算见表3-40。

清单工程量计算表　　　　表 3-40

项目编码	项目名称	项目特征描述	计量单位	工程量
010101007001	管沟土方	一类土	m³	132.73
030408001001	电力电缆	铜芯	m	299.56
030408005001	铺砂、盖保护板（砖）	电缆铺砂盖砖	m	294.56
030404017001	配电箱	动力箱	台	1

【例 3-28】 某电缆敷设工程采用直埋并列敷设 12 根 XV 29（3×35＋1×10）电力电缆，变电所配电柜至室内部分电缆穿 $\phi40$ 钢管保护，共 15m 长，需用户内电力电缆头 46 个，户外电力电缆头 52 个，试计算电力电缆头安装工程量。

【解】

电缆头安装工程量＝46＋52＝98个

电缆头工程量见表3-41。

清单工程量计算表　　　　表 3-41

项目编码	项目名称	项目特征描述	计量单位	工程量
030408006001	电力电缆头	户内电缆头、户外电缆头	个	98

【例 3-29】 某电力电缆工程图如图 3-10 所示，采用电缆沟直埋铺砂盖砖，电缆均用 VV29（3×50＋1×60），进建筑物时电缆穿管 SC80，动力配电箱都是从 1 号配电室低压配电柜引入，电缆沟深 1m，试计算电缆保护管工程量。

【解】

（1）电缆沟铺砂盖砖工程量

工程量＝11.5＋15＋15＋22＋30＋15＋18＋10＋15＋18＝169.5m

（2）密封保护管工程量

每条电缆有 2 根密封保护管，因此：

工程量＝2×6＝12 根

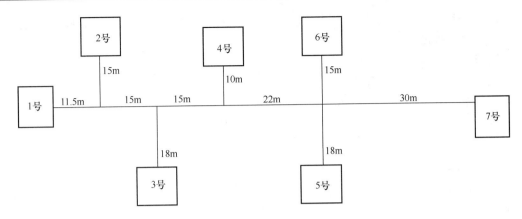

图 3-10 某电缆工程图

（3）电缆保护管敷设长度工程量

工程量＝169.5＋16×2＋2.3×12＋1.5×12＋3×6＋1.5×6＋0.5×12＋1×12

＝292.1m

（电缆敷设工程要考虑在各处的预留长度，不考虑电缆的施工损耗，2.3m 为进建筑物预留长度，3m 为进低压柜预留长度，1.5m 为终端进动力箱长度，0.5m 为垂直到水平预留长度）

清单工程量计算表见表 3-42。

清单工程量计算表   表 3-42

项目编码	项目名称	项目特征描述	计量单位	工程量
030408003001	电缆保护管	VV29（3×50＋1×60），进建筑物时电缆穿管 SC80	m	292.1

【例 3-30】某电缆敷设工程采用电缆沟铺砂、盖保护砖直埋并列敷设 5 根 XV 29（3×35＋1×10）电力电缆，变电所配电柜至室内部分电缆穿 φ40 钢管保护，共 22.55m 长，试计算铺砂盖砖工程量。

【解】

铺砂、盖保护砖工程量＝22.55m

清单工程量计算表见表 3-43。

清单工程量计算表   表 3-43

项目编码	项目名称	项目特征描述	计量单位	工程量
030408005001	铺砂、盖保护板（砖）	铺砂、盖保护砖直埋并列敷设	m	22.55

【例 3-31】某电力工程架设 380/220V 三相四线线路，需要 10m 高水泥杆 10 根，杆距为 50m，试计算其工程量。

【解】

电杆组立工程量＝10 根

清单工程量计算表见表 3-44。

清单工程量计算表   表 3-44

项目编码	项目名称	项目特征描述	计量单位	工程量
030410001001	电杆组立	10m 高水泥杆，杆距 50m	根	10

【例3-32】有一架空线路工程共有5根电杆，人工费合计800元，在丘陵地带施工，试计算清单工程量。

【解】

该架空线路共有5根电杆。

清单工程量计算表见表3-45。

清单工程量计算表 表3-45

项目编码	项目名称	项目特征描述	计量单位	工程量
030410001001	电杆组立	丘陵	根	5

【例3-33】某工厂架设380/220V三相四线线路，需要使用裸铜10m高水泥杆12根，杆距为50m，杆上铁横担水平安装1根，试计算横担组装工程量。

【解】

根据工程量计算规则：

横担组装工程量＝12×1＝12组

工程量计算结果见表3-46。

清单工程量计算表 表3-46

项目编码	项目名称	项目特征描述	计量单位	工程量
030410002001	横担组装	铁横担水平安装	组	12

【例3-34】某10kV配电工程需要设置杆上变压器6台，高压绝缘子4组，避雷器2组，试计算杆上设备工程量。

【解】

杆上设备工程量见表3-47。

清单工程量计算表 表3-47

项目编码	项目名称	项目特征描述	计量单位	工程量
030410004001	杆上设备	杆上变压器	台	6
030410004002	杆上设备	绝缘子安装	组	4
030410004003	杆上设备	避雷器安装	组	2

【例3-35】某新建电力工厂需要架设380V/220V三相四线线路；须组立15m高的水泥电杆10根，且杆上铁横担水平安装一根，最末一根杆上有阀型避雷器4组，若此工程导线采用（3×120＋1×70）裸铝绞线，试计算横担组装和电杆组立工程量。

【解】

（1）横担组装

工程量＝10×1＝10组

（2）电杆组立

工程量＝10根

杆上设备工程量见表3-48。

清单工程量计算表 表3-48

项目编码	项目名称	项目特征描述	计量单位	工程量
030410001001	电杆组立	15m高水泥电杆	根	10
030410002001	横担组装	铁横担水平安装	组	10

【**例 3-36**】某小区塔楼 28 层，层高 3.2m，配电箱高 1.5m，均为暗装在平面同一位置。立管用 SC32，试计算立管工程量。

【**解**】

根据工程量计算规则：

SC32 工程量＝(28－1)×3.2＝86.4m

工程量计算结果见表 3-49。

清单工程量计算表　　　　　　　　　　　　　　　　　　　　　　　　　表 3-49

项目编码	项目名称	项目特征描述	计量单位	工程量
030411001001	配管	SC32	m	86.4

【**例 3-37**】某电力工程配管分布图如图 3-11 所示，照明配电箱高 1.5m，楼板厚度为 0.23m，试计算垂直部分明敷管及垂直部分暗敷管的清单工程量。

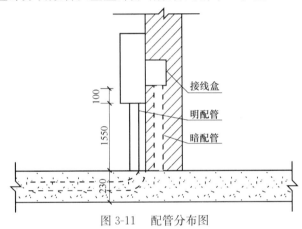

图 3-11　配管分布图

【**解**】

(1) 明配管管道垂直长度

当采用明配管时，管道垂直长度为：1.55＋0.1＋0.23＝1.88m

(2) 暗配管管道垂直长度

当采用暗配管时，管道垂直长度为：$1.55+\dfrac{1}{2}\times1.5+0.23=2.53$m

清单工程量计算表见表 3-50。

清单工程量计算表　　　　　　　　　　　　　　　　　　　　　　　　　表 3-50

项目编码	项目名称	项目特征描述	计量单位	工程量
030411001001	配管	明配管	m	1.88
030411001002	配管	电气配管	m	2.53

【**例 3-38**】如图 3-12 所示，某建筑物层高 3.5m，配电箱安装高度为 1.8m，试计算电气配管工程量。

【**解**】

根据工程量计算规则：

SC25 工程量＝15.6＋(3.5－1.8)×3＝20.7m

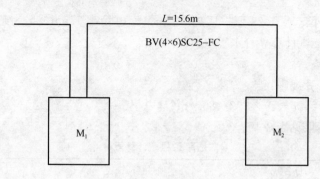

图 3-12　配电箱

注意：配电箱 M_1，有进出两根管，所以垂直部分共 3 根管。

清单工程量计算表见表 3-51。

清单工程量计算表　　　　　　　　　　　　　　　　　　　　表 3-51

项目编码	项目名称	项目特征描述	计量单位	工程量
030411001001	配管	SC25	m	20.7

【例 3-39】 如图 3-13 所示，已知两配电箱之间线路采用 BV(3×10＋1×4)-SC32-DQA，配电箱 M_1、M_2 规格均为 800×800×150(宽×高×厚)，悬挂嵌入式安装，配电箱底边距地高度 1.50m，水平距离 12.5m。试计算图中项目工程量。

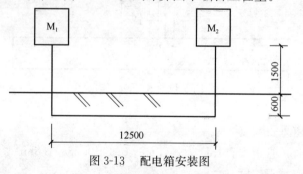

图 3-13　配电箱安装图

【解】

根据工程量计算规则：

电气配管工程量＝(1.5＋0.6)×2＋12.5＝16.7m

清单工程量计算表见表 3-52。

清单工程量计算表　　　　　　　　　　　　　　　　　　　　表 3-52

项目编码	项目名称	项目特征描述	计量单位	工程量
030411001001	配管	SC32	m	16.7

【例 3-40】 某工程厂房内的一台检修电源箱（箱高 1.3m、宽 0.8m、深 0.6m），由一台动力配电箱 XL(F)-15（箱高 2.4m、宽 1.6m、深 1.3m），供给电源，该供电回路为 BV5×16 (DN32)，如图 3-14 所示。DN32 的工程量为 30m，试计算 BV16 的工程量。

【解】

BV16 的工程量＝[30＋(1.3＋0.8)＋(2.4＋1.6)]×5＝180m

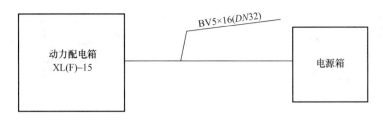

图 3-14 配电线路图

清单工程量计算表见表 3-53。

清单工程量计算表 表 3-53

项目编码	项目名称	项目特征描述	计量单位	工程量
030411004001	配线	BV5×16（DN32）	m	180

【例 3-41】某仓库电气照明配电图如图 3-15 所示，其内部嵌入式安装 1 台照明配电箱 XMR-10（箱高 0.4m，宽 0.5m，深 0.3m）；套防水防尘灯，GC1-A-150；采用 3 个单联跷板暗开关控制；单相三孔暗插座 2 个；室内照明线路为刚性阻燃塑料管 PVC15 暗配，管内穿 BV-2.5 导线，照明回路为 2 根线，插座回路为 3 根线。室内配管（PVC15）的工程量为：照明回路（2 个）共 43.4m，插座回路（1 个）共 16.6m。试计算其清单工程量。

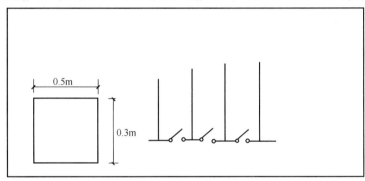

图 3-15 电气照明配电图

【解】

（1）电气配管（PVC15）

根据题中的室内配管所包含的工程量，电气配管长度为两项之和。

工程量＝43.4＋16.6＝60m

（2）电气配线（BV-2.5，假设已包括预留量）

因为照明回路为 2 根线，插座回路为 3 根线。

工程量＝43.4×2＋16.6×3＝136.6m

清单工程量计算表见表 3-54。

清单工程量计算表 表 3-54

项目编码	项目名称	项目特征描述	计量单位	工程量
030411001001	配管	PVC15	m	60
030411004001	配线	BV-2.5	m	136.6

【**例 3-42**】如图 3-16 所示为某混凝土砖石结构平房（毛石基础、砖墙、钢筋混凝土板盖顶）电气配线图，顶板距地面高度为 3m，室内装置定型照明配电箱（XM-7-3/0）1 台（高 0.38m，宽 0.35m），单管日光灯（40W）6 盏，拉线开关 3 个，由配电箱引上为钢管明设（φ25），其余均为磁夹板配线，用 BLX 电线，引入线设计属于低压配电室范围，故此不考虑。试计算清单工程量。

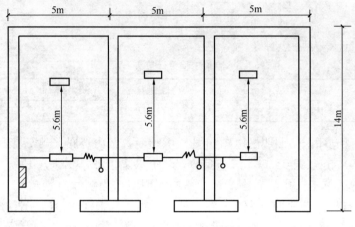

图 3-16　电气配线图

【**解**】

（1）配电箱安装

1）配电箱安装 XM-7-3/0

工程量＝1 台(高 0.38m，宽 0.35m)

2）支架制作

工程量＝2.1kg

（2）配管配线

1）钢管明设 φ25

工程量＝2.5m

2）管内穿线 BLX×25

工程量＝[2.5＋(0.38＋0.35)]×2＝6.46m

3）二线式瓷夹板配线

工程量＝2.5＋5.6＋2.5＋5.6＋2.5＋5.6＋0.2×3＝24.9m

4）三线式瓷夹板配线

工程量＝2.5＋2.5＝5m

（3）灯具安装

单管日光灯安装 YG2-1 $\frac{6\times120}{3}$ 40 工程量＝6 套

（4）拉线开关安装

工程量＝3 个

清单工程量计算见表 3-55。

清单工程量计算　　　　　　　　　　　　　　　　　　　表 3-55

序号	项目编码	项目名称	项目特征描述	计量单位	工程量
1	030404017001	配电箱	XM-7-3/0	台	1
2	030411001001	配管	钢管 $\phi25$	m	2.5
3	030411004001	配线	明设钢管内穿 BLX×25	m	6.46
4	030411004002	配线	瓷夹板二线制配线	m	24.9
5	030411004003	配线	瓷夹板三线制配线	m	5
6	030404034001	照明开关	拉线开关	个	3
7	030412005001	荧光灯	单管日光灯 YG2-1 $\dfrac{6\times120}{3}$ 40	套	6

3.3　照明器具安装工程清单工程量计算及实例

3.3.1　工程量清单计价规则

照明器具安装工程量清单项目设置、项目特征描述的内容、计量单位及工程量计算规则，应按表 3-56 的规定执行。

照明器具安装（编码：030412）　　　　　　　　　　表 3-56

项目编码	项目名称	项目特征	计量单位	工程量计算规则	工作内容
030412001	普通灯具	1. 名称 2. 型号 3. 规格 4. 类型	套	按设计图示数量计算	本体安装
030412002	工厂灯	1. 名称 2. 型号 3. 规格 4. 安装形式			
030412003	高度标志（障碍）灯	1. 名称 2. 型号 3. 规格 4. 安装部位 5. 安装高度			
030412004	装饰灯	1. 名称 2. 型号 3. 规格 4. 安装形式			
030412005	荧光灯				
030412006	医疗专用灯	1. 名称 2. 型号 3. 规格			
030412007	一般路灯	1. 名称 2. 型号 3. 规格 4. 灯杆材质、规格 5. 灯架形式及臂长 6. 附件配置要求 7. 灯杆形式（单、双） 8. 基础形式、砂浆配合比 9. 杆座材质、规格 10. 接线端子材质、规格 11. 编号 12. 接地要求			1. 基础制作、安装 2. 立灯杆 3. 杆座安装 4. 灯架及灯具附件安装 5. 焊、压接线端子 6. 补刷（喷）油漆 7. 灯杆编号 8. 接地

续表

项目编码	项目名称	项目特征	计量单位	工程量计算规则	工作内容
030412008	中杆灯	1. 名称 2. 灯杆的材质及高度 3. 灯架的型号、规格 4. 附件配置 5. 光源数量 6. 基础形式、浇筑材质 7. 杆座材质、规格 8. 接线端子材质、规格 9. 铁构件规格 10. 编号 11. 灌浆配合比 12. 接地要求			1. 基础浇筑 2. 立灯杆 3. 杆座安装 4. 灯架及灯具附件安装 5. 焊、压接线端子 6. 铁构件安装 7. 补刷（喷）油漆 8. 灯杆编号 9. 接地
030412009	高杆灯	1. 名称 2. 灯杆高度 3. 灯架形式（成套或组装、固定或升降） 4. 附件配置 5. 光源数量 6. 基础形式、浇筑材质 7. 杆座材质、规格 8. 接线端子材质、规格 9. 铁构件规格 10. 编号 11. 灌浆配合比 12. 接地要求	套	按设计图示数量计算	1. 基础浇筑 2. 立灯杆 3. 杆座安装 4. 灯架及灯具附件安装 5. 焊、压接线端子 6. 铁构件安装 7. 补刷（喷）油漆 8. 灯杆编号 9. 升降机构接线调试 10. 接地
030412010	桥栏杆灯	1. 名称 2. 型号 3. 规格 4. 安装形式			1. 灯具安装 2. 补刷（喷）油漆
030412011	地道涵洞灯				

3.3.2　清单相关问题及说明

表 3-56 适用于工业与民用建筑（含公用设施）及市政府设施的各种照明灯具、开关、插座、门铃等工程量清单项目的设置和计量。包括普通吸顶灯具、工厂灯具、装饰灯具、荧光灯具、医疗专用灯具、一般路灯、中杆灯、高杆灯、桥栏杆灯、地道涵洞灯等安装。

（1）普通灯具包括圆球吸顶灯、半圆球吸顶灯、方形吸顶灯、软线吊灯、座灯头、吊链灯、防水吊灯、壁灯等。

（2）工厂灯包括工厂罩灯、防水灯、防尘灯、碘钨灯、投光灯、泛光灯、混光灯、密闭灯等。

（3）高度标志（障碍）灯包括烟囱标志灯、高塔标志灯、高层建筑屋顶障碍指示灯等。

（4）装饰灯包括吊式艺术装饰灯、吸顶式艺术装饰灯、荧光艺术装饰灯、几何型组合艺术装饰灯、标志灯、诱导装饰灯、水下（上）艺术装饰灯、点光源艺术灯、歌舞厅灯具、草坪灯具等。

（5）医疗专用灯包括病房指示灯、病房暗脚灯、紫外线杀菌灯、无影灯等。

（6）中杆灯是指安装在高度小于或等于19m的灯杆上的照明器具。

（7）高杆灯是指安装在高度大于19m的灯杆上的照明器具。

3.3.3　工程量清单计价实例

【例3-43】某半圆球吸顶灯安装，灯罩直径D为320mm，共有62套。试计算其工程量。

【解】

半圆球吸顶灯属于普通灯具。

普通灯具安装清单工程量按设计图示数量计算。

工程量＝62套

清单工程量计算见表3-57。

清单工程量计算表　　　　　　　　　　　　表3-57

项目编码	项目名称	项目特征描述	计量单位	工程量
030412001001	普通灯具	半圆球吸顶灯安装	套	62

【例3-44】某房间顶板距地面高度为2.9m，室内装置定型照明配电箱（XM-7-3/0）2台，单管日光灯（40W）15盏，拉线开关8个，试计算其工程量。

【解】

照明配电箱(XM-7-3/0)安装工程量＝2台

单管日光灯(40W)安装工程量＝15套

拉线开关安装工程量＝8个

工程量计算结果见表3-58。

清单工程量计算表　　　　　　　　　　　　表3-58

项目编码	项目名称	项目特征描述	计量单位	工程量
030404017001	配电箱	照明配电箱（XM-7-3/0）	台	2
030404031001	小电器	拉线开关	个	8
030412001001	普通灯具	单管日光灯（40W）	套	15

【例3-45】某水泵站电气安装工程需要安装6套工厂灯，安装方式为吸顶式，试计算其清单工程量。

【解】

工厂灯安装清单工程量按设计图示数量计算。

工程量＝6套

工程量计算结果见表3-59。

清单工程量计算表　　　　　　　　　　　　表3-59

项目编码	项目名称	项目特征描述	计量单位	工程量
030412002001	工厂灯	吸顶式安装	套	6

【例 3-46】某电气工程安装吸顶式荧光灯具，组装型，单管，共 35 套。试计算工程量。

【解】

根据工程量计算规则，吸顶式荧光灯具安装

工程量＝35 套

清单工程量计算表见表 3-60。

清单工程量计算表　　　　　　　　　　　　　　　　　表 3-60

项目编码	项目名称	项目特征描述	计量单位	工程量
030412005001	荧光灯	吸顶式荧光灯具，组装型，单管	套	35

【例 3-47】某手术室安装紫外线杀菌灯 5 套，无影灯 3 套，试计算其工程量。

【解】

根据工程量计算规则：

紫外线杀菌灯工程量＝5 套

无影灯工程量＝3 套

工程量计算结果见表 3-61。

清单工程量计算表　　　　　　　　　　　　　　　　　表 3-61

项目编码	项目名称	项目特征描述	计量单位	工程量
030412006001	医疗专用灯	紫外线杀菌灯	套	5
030412006002	医疗专用灯	无影灯	套	3

【例 3-48】某休闲广场兼具休息和集会功能，需混合安装白炽灯和荧光灯，其中 15m 以下的灯杆顶端安装 236 套白炽灯，高杆（杆高 35m）安装荧光灯 90 套。试计算其工程量。

【解】

根据工程量计算规则：

中杆灯安装工程量＝236 套

高杆灯安装工程量＝90 套

清单工程量计算见表 3-62。

清单工程量计算表　　　　　　　　　　　　　　　　　表 3-62

项目编码	项目名称	项目特征描述	计量单位	工程量
030412008001	中杆灯	白炽灯，杆高 15m 以下	套	236
030412009001	高杆灯	荧光灯，杆高 35m	套	90

【例 3-49】某桥涵工程，设计用 20 套高杆灯照明，杆高为 36m，灯架为成套升降型，6 个灯头，混凝土基础，试计算其工程量。

【解】

根据工程量计算规则，得：

高杆灯安装工程量＝20 套

清单工程量计算见表 3-63。

	清单工程量计算表			表 3-63	
项目编码	项目名称	项目特征描述		计量单位	工程量
030412009001	高杆灯	高度 36m，成套升降型，灯头 6 个，混凝土基础		套	20

3.4 防雷及接地装置安装工程清单工程量计算及实例

3.4.1 工程量清单计价规则

防雷及接地装置工程量清单项目设置、项目特征描述的内容、计量单位及工程量计算规则，应按表 3-64 的规定执行。

防雷及接地装置（编码：030409）　　　　　表 3-64

项目编码	项目名称	项目特征	计量单位	工程量计算规则	工作内容
030409001	接地极	1. 名称 2. 材质 3. 规格 4. 土质 5. 基础接地形式	根（块）	按设计图示数量计算	1. 接地极（板、桩）制作、安装 2. 基础接地网安装 3. 补刷（喷）油漆
030409002	接地母线	1. 名称 2. 材质 3. 规格 4. 安装部位 5. 安装形式	m	按设计图示尺寸以长度计算（含附加长度）	1. 接地母线制作、安装 2. 补刷（喷）油漆
030409003	避雷引下线	1. 名称 2. 材质 3. 规格 4. 安装部位 5. 安装形式 6. 断接卡子、箱材质、规格			1. 避雷引下线制作、安装 2. 断接卡子、箱制作、安装 3. 利用主钢筋焊接 4. 补刷（喷）油漆
030409004	均压环	1. 名称 2. 材质 3. 规格 4. 安装形式			1. 均压环敷设 2. 钢铝窗接地 3. 柱主筋与圈梁焊接 4. 利用圈梁钢筋焊接 5. 补刷（喷）油漆
030409005	避雷网	1. 名称 2. 材质 3. 规格 4. 安装形式 5. 混凝土块强度等级			1. 避雷网制作、安装 2. 跨接 3. 混凝土块制作 4. 补刷（喷）油漆

项目编码	项目名称	项目特征	计量单位	工程量计算规则	工作内容
030409006	避雷针	1. 名称 2. 材质 3. 规格 4. 安装形式、高度	根	按设计图示数量计算	1. 避雷针制作、安装 2. 跨接 3. 补刷（喷）油漆
030409007	半导体少长针消雷装置	1. 型号 2. 高度	套		本体安装
030409008	等电位端子箱、测试板	1. 名称 2. 材质 3. 规格	台 （块）		
030409009	绝缘垫		m²	按设计图示尺寸以展开面积计算	1. 制作 2. 安装
030409010	浪涌保护器	1. 名称 2. 规格 3. 安装形式 4. 防雷等级	个	按设计图示数量计算	1. 本体安装 2. 接线 3. 接地
030409011	降阻剂	1. 名称 2. 类型	kg	按设计图示以质量计算	1. 挖土 2. 施放降阻剂 3. 回填土 4. 运输

注：1. 利用桩基础作接地极，应描述桩台下桩的根数，每桩台下需焊接柱筋根数，其工程量按柱引下线计算；利用基础钢筋作接地极按均压环项目编码列项。

　　2. 利用柱筋作引下线的，需描述柱筋焊接根数。

　　3. 利用圈梁筋作均压环的，需描述圈梁筋焊接根数。

　　4. 使用电缆、电线作接地线，应按表3-23相关项目编码列项。

　　5. 接地母线、引下线、避雷网附加长度见表3-65。

接地母线、引下线、避雷网附加长度（单位：m）　　　　　**表3-65**

项目	附加长度	说明
接地母线、引下线、避雷网附加长度	3.9%	按接地母线、引下线、避雷网全长计算

3.4.2　清单相关问题及说明

　　表3-64适用于接地装置和避雷装置安装等工程的工程量清单的编制与计量。接地装置包括生产、生活用的安全接地、防静电接地、保护接地等一切接地装置的安装。避雷装置包括建筑物、构筑物、金属塔器等防雷装置，由受雷体、引下线、接地干线、接地极组成一个系统。

　　（1）利用桩基础作接地极时，应描述桩台下桩的根数，每桩几根柱筋需焊接。其工程量可计入柱引下线的工程量中一并计算。

　　（2）利用桩筋作引下线的，一定要描述是几根柱筋焊接作为引下线。

　　（3）"m"的单价，要包括特征和"工程内容"中所有的各项费用之和。

3.4.3　工程量清单计价实例

【例 3-50】某建筑设有避雷针防雷装置。设计要求如下：

（1）1 根钢管避雷针 $\phi25$，针长 2.5m 在平屋面上安装。

（2）利用柱筋引下（2 根柱筋），柱长 15m。

（3）角钢接地极 50mm×50mm×5mm，3 根，每根长 2.5m。

（4）接地母线为镀锌扁钢 40mm×4mm，埋设深度 0.75m，长 25.6m。

试计算接地母线工程量。

【解】

接地母线安装清单工程量按设计图示尺寸以长度计算（含附加长度）。

接地母线工程量＝25.6×（1+3.9％）＝26.60m

清单工程量计算表见表 3-66。

清单工程量计算表　　　　　　　　　　　　　　　　表 3-66

项目编码	项目名称	项目特征描述	计量单位	工程量
030409002001	接地母线	镀锌扁钢 40mm×4mm，埋设深度 0.75m	m	26.60

【例 3-51】某小区的某幢职工楼在房顶上安装避雷网（用混凝土块敷设），如图 3-17 所示，职工楼长 55m，宽 32m，高 28.5m，3 处引下线与一组接地极（5 根）连接，引下线与接地极之间连接，共挖了 7 个沟，每个沟长度为 8m，每米的土方量为 0.36m³。试计算清单工程量。

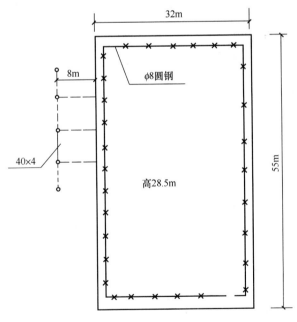

图 3-17　避雷网

【解】

（1）接地极制作安装

工程量＝5 根

（2）接地母线埋设

工程量＝$(8 \times 4 + 0.5 \times 2 + 8 \times 3 + 0.8 \times 3) \times (1 + 3.9\%) = 61.72$m

（3）避雷引下线

工程量＝$[(1 + 28.5) \times 3 - 2 \times 3] \times (1 + 3.9\%) = 85.72$m

（职工楼高度为 28.5m，从屋顶向下引应预留的长度为 1m，有 3 根引下线，引下线从屋顶往下引时，不一定是从建筑物最高处向下引，应减去 2m 的长度）

（4）避雷网

工程量＝$(55 \times 2 + 32 \times 2) \times (1 + 3.9\%) = 180.79$m

清单工程量计算见表 3-67。

清单工程量计算表 表 3-67

项目编码	项目名称	项目特征描述	计量单位	工程量
030409001001	接地极	接地极制作安装	根	5
030409002001	接地母线	接地母线埋设	m	61.72
030409003001	避雷引下线	避雷引下线安装	m	85.72
030409005001	避雷网	避雷网安装	m	180.79

【例 3-52】有一层塔楼檐高 90m，层高 3m，外墙轴线周长为 90m，有避雷网格长 22m。30m 以上钢窗 80 樘。有 6 组接地极，ϕ19mm，每组 4 根，均压环为 3 周。求均压环焊接工程量和避雷带的工程量。

【解】

（1）均压环焊接工程量

工程量＝$90 \times 3 = 270$m

（2）避雷带的工程量

$(90 - 30) \div 9 = 60 \div 9 = 7$ 圈

工程量＝$90 \times 7 = 630$m

注：因为每 9m 焊一圈均压环，所以 30m 以下设均压环，9 表示每三层设一圈避雷带。

清单工程量计算见表 3-68。

清单工程量计算表 表 3-68

序号	项目编码	项目名称	项目特征描述	计量单位	工程量
1	030409004001	均压环	圈长 80m，焊接 3 圈	m	270
2	030409003001	避雷引下线	长 80m，焊接 7 圈	m	630

【例 3-53】某建筑物层高 4m，檐高 98m，外墙轴线总周长为 90.6m，试计算均压环焊接工程量和设在圈梁中的避雷带的工程量。

【解】

均压环敷设以"m"为单位计算，主要考虑利用圈梁内主筋作均压环接地连线，焊接按 2 根主筋考虑，超过 2 根时可按比例调整。长度按设计需要做均压接地的圈梁中心线长度，以 m 计算。

因为均压环焊接每3层焊一圈，即每12m焊一圈，因此30m以下可以焊2圈，即

$$2 \times 90.6 = 181.2m$$

二圈以上（即4m×3层×2圈=24m以上）每两层设避雷带（网），工程量为：

$$(98-24)/6 = 12 圈$$

$$工程量 = 90.6 \times 12 = 1087.2m$$

清单工程量计算见表3-69。

清单工程量计算表 　　　　　　　　　　　　　　　　　　　　表3-69

序号	项目编码	项目名称	项目特征描述	计量单位	工程量
1	030409004001	均压环	利用圈梁内主筋作均压环接地连线，均压环焊接	m	181.2
2	030409005001	避雷网	在圈梁中，设置避雷网	m	1087.2

【例3-54】有一高层建筑物层高为3m，檐高105m，外墙轴线周长为92m，求均压环焊接工程量和设在圈梁中的避雷带的工程量。

【解】

因为均压环每三层焊一圈，即每9m焊一圈，因此30m以下可以设3圈，即

$$92 \times 3 = 276m$$

三圈以上（即3m×3层×3圈=27m以上）每二层设一避雷带，工程量为

$$(105-27) \div 6 = 13 圈$$

$$92 \times 13 = 1196m$$

清单工程量计算见表3-70。

清单工程量计算表 　　　　　　　　　　　　　　　　　　　　表3-70

序号	项目编码	项目名称	项目特征描述	计量单位	工程量
1	030409004001	均压环	圈长92m，焊接3圈	m	276
2	030409003001	避雷引下线	长92m，焊接13圈	m	1196

【例3-55】某教学楼，高33.5m，长45.5m，宽21.5m，屋顶四周装有避雷网，沿折板支架敷设，分4处引下与接地网连接，设4处断接卡。地梁中心标高-0.5m，土质为普通土。避雷网采用ϕ10的镀锌圆钢，引下线利用建筑物柱内主筋（2根），接地母线为40×4的镀锌扁钢，埋设深度为1.0m，接地极共6根，为50m×5m×2.5m的镀锌角钢，距离建筑物3m，如图3-18所示，试计算其工程量。

【解】

（1）避雷网敷设（ϕ10的镀锌圆钢）

工程量=[(45.5+21.5)×2]

　　　　×(1+3.9%)=139.23m

（2）避雷引下线敷设(利用建筑物柱内

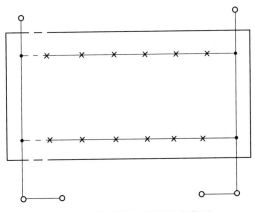

图3-18 教学楼避雷装置安装图

主筋2根)

$$工程量=(33.5+0.1+0.4)×4×(1+3.9\%)=141.30m$$

(3) 接地极制作、安装(50×5×2.5m 的镀锌角钢)

$$工程量=6根$$

(4) 接地母线敷设 40×4 的镀锌扁钢

$$工程量=(3×4+3×2+0.5×2+1.0×2)×(1+3.9\%)=21.82m$$

清单工程量计算见表表 3-71。

清单工程量计算表　　　　　　　　　　　　表 3-71

项目编码	项目名称	项目特征描述	计量单位	工程量
030409005001	避雷网	避雷网安装	m	139.23
030409003001	避雷引下线	避雷引下线安装	m	141.30
030409001001	接地极	接地极制作安装	根	6
030409002001	接地母线	接地母线埋设	m	21.82

【例 3-56】 某大厦防雷及接地装置如图 3-19～图 3-22 所示，试计算其清单工程量。

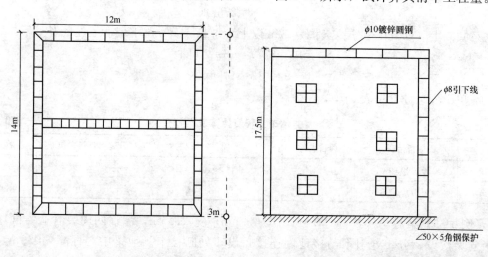

图 3-19　屋面防雷平面图　　　　　　　　　图 3-20　引下线安装图

【解】

(1) 避雷网

$$工程量=(14×2+12×2)×(1+3.9\%)=54.03m$$

注：避雷网除了沿着屋顶周围装设外，在屋顶上还用圆钢或扁钢纵横连接成网。在房屋的沉降处应多留 100～200mm。

(2) 避雷引下线

$$工程量=[(17.5+1)×2-2×2]×(1+3.9\%)=34.29m$$

(17.5m 为建筑物高度，1m 为从屋顶向下引应预留的长度，有 2 根引下线，引下线从屋顶往下引时，不一定是从建筑物最高处向下引，应减去 2m 的长度)

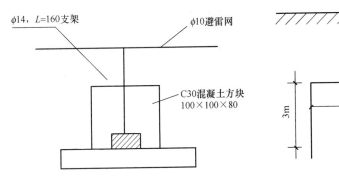

图 3-21　避雷带(网)安装图　　　　图 3-22　接地极安装图

（3）接地极制作安装

$$工程量＝2 根$$

（4）接地母线埋设

$$工程量＝(3×2+6×4+0.8×2+4×0.5)×(1+3.9％)＝34.91m$$

（0.8m 是引下线与接地母线相接时接地母线应预留的长度。根据接地干线的末端，必须高出地面 0.5m 的规定，所以接地母线加上 0.5m）

清单工程量计算见表 3-72。

清单工程量计算表　　　　　　　表 3-72

序号	项目编码	项目名称	项目特征描述	计量单位	工程量
1	030409001001	接地极	接地极制作安装	根	2
2	030409002001	接地母线	接地母线埋设	m	34.91
3	030409003001	避雷引下线	避雷引下线安装	m	34.29
4	030409005001	避雷网	避雷网安装	m	54.03

【例 3-57】某座办公楼屋顶避雷针安装如图 3-23 所示，共装 5 根避雷针，分二处引下与接地组连接（避雷针为钢管，长 4.5m，接地极两组，6 根），房顶上的避雷网采用支持卡子敷设，试计算其清单工程量。

【解】

（1）接地极制作安装 $\phi50$ 钢管

$$工程量＝6 根$$

（2）接地母线埋设

$$工程量＝(5×6+2×0.5+2×0.8)×(1+3.9％)＝33.87m$$

（0.8 是引下线与接地母线之间的预留，0.5 是接地母线末端必须高出 0.5m，5×6 是 6 根接地母线每段分别长 5m）

（3）引下线敷设 $\phi8$ 圆钢

$$工程量＝(28.5+32.5-2×2)×(1+3.9％)＝59.22m$$

（引下线是两座楼的高度之和减去下面预留的两个 2m）

（4）避雷网

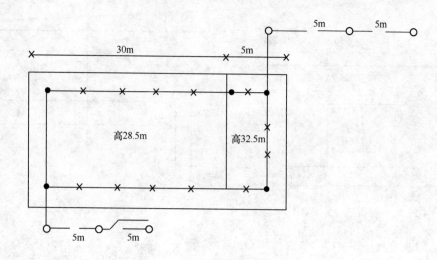

图 3-23 避雷针安装工程

工程量＝(30＋5＋28.5＋32.5＋5＋30＋5)×(1＋3.9％)＝141.30m

（从图上可以看出避雷线从高 28m 的楼上引下时，经过宽度(30＋5)m，又经过楼高，所以再加上 28.5m，从高 32.5m 的楼上引下时，也经过宽度(30＋5)m，再加上楼高 32.5m，还有再加上从 28.5m 高的楼到 32.5m 高的楼的 5m，还应该加上附加长度，所以避雷网敷设长度为 141.30m）

（5）钢管避雷针制作安装

避雷针长度 4.5m   5 根

（6）引下线保护管敷设

工程量＝2×2＝4m

清单工程量计算见表 3-73。

清单工程量计算表 表 3-73

项目编码	项目名称	项目特征描述	计量单位	工程量
030409001001	接地极	接地极制作安装	根	6
030409002001	接地母线	接地母线埋设	m	33.87
030409003001	避雷引下线	避雷引下线安装	m	59.22
030409005001	避雷网	避雷网安装	m	141.30
030409006001	避雷针	钢管避雷针制作安装	根	5
030411001001	配管	引下线保护管	m	4

3.5 其他安装工程清单工程量计算及实例

3.5.1 工程量清单计价规则

1. 控制设备及低压电器安装

控制设备及低压电器安装工程量清单项目设置、项目特征描述的内容、计量单位及工程量计算规则，应按表 3-74 的规定执行。

控制设备及低压电器安装（编码：030404）   表 3-74

项目编码	项目名称	项目特征	计量单位	工程量计算规则	工作内容
030404001	控制屏	1. 名称 2. 型号 3. 规格 4. 种类 5. 基础型钢形式、规格 6. 接线端子材质、规格 7. 端子板外部接线材质、规格 8. 小母线材质、规格 9. 屏边规格	台	按设计图示数量计算	1. 本体安装 2. 基础型钢制作、安装 3. 端子板安装 4. 焊、压接线端子 5. 盘柜配线、端子接线 6. 小母线安装 7. 屏边安装 8. 补刷(喷)油漆 9. 接地
030404002	继电、信号屏				
030404003	模拟屏				
030404004	低压开关柜(屏)				1. 本体安装 2. 基础型钢制作、安装 3. 端子板安装 4. 焊、压接线端子 5. 盘柜配线、端子接线 6. 屏边安装 7. 补刷(喷)油漆 8. 接地
030404005	弱电控制返回屏				1. 本体安装 2. 基础型钢制作、安装 3. 端子板安装 4. 焊、压接线端子 5. 盘柜配线、端子接线 6. 小母线安装 7. 屏边安装 8. 补刷(喷)油漆 9. 接地
030404006	箱式配电室	1. 名称 2. 型号 3. 规格 4. 质量 5. 基础规格、浇筑材质 6. 基础型钢形式、规格	套		1. 本体安装 2. 基础型钢制作、安装 3. 基础浇筑 4. 补刷(喷)油漆 5. 接地

续表

项目编码	项目名称	项目特征	计量单位	工程量计算规则	工作内容
030404007	硅整流柜	1. 名称 2. 型号 3. 规格 4. 容量(A) 5. 基础型钢形式、规格			1. 本体安装 2. 基础型钢制作、安装 3. 补刷(喷)油漆 4. 接地
030404008	可控硅柜	1. 名称 2. 型号 3. 规格 4. 容量(kW) 5. 基础型钢形式、规格			
030404009	低压电容器柜	1. 名称 2. 型号 3. 规格 4. 基础型钢形式、规格 5. 接线端子材质、规格 6. 端子板外部接线材质、规格 7. 小母线材质、规格 8. 屏边规格			1. 本体安装 2. 基础型钢制作、安装 3. 端子板安装 4. 焊、压接线端子 5. 盘柜配线、端子接线 6. 小母线安装 7. 屏边安装 8. 补刷(喷)油漆 9. 接地
030404010	自动调节励磁屏				
030404011	励磁灭磁屏		台	按设计图示数量计算	
030404012	蓄电池屏(柜)				
030404013	直流馈电屏				
030404014	事故照明切换屏				
030404015	控制台	1. 名称 2. 型号 3. 规格 4. 基础型钢形式、规格 5. 接线端子材质、规格 6. 端子板外部接线材质、规格 7. 小母线材质、规格			1. 本体安装 2. 基础型钢制作、安装 3. 端子板安装 4. 焊、压接线端子 5. 盘柜配线、端子接线 6. 小母线安装 7. 补刷(喷)油漆 8. 接地
030404016	控制箱	套			
030404017	配电箱	1. 名称 2. 型号 3. 规格 4. 基础形式、材质、规格 5. 接线端子材质、规格 6. 端子板外部接线材质、规格 7. 安装方式			1. 本体安装 2. 基础型钢制作、安装 3. 焊、压接线端子 4. 补刷(喷)油漆 5. 接地
030404018	插座箱	1. 名称 2. 型号 3. 规格 4. 安装方式			1. 本体安装 2. 接地

项目编码	项目名称	项目特征	计量单位	工程量计算规则	工作内容
030404019	控制开关	1. 名称 2. 型号 3. 规格 4. 接线端子材质、规格 5. 额定电流(A)	个	按设计图示数量计算	1. 本体安装 2. 焊、压接线端子 3. 接线
030404020	低压熔断器	1. 名称 2. 型号 3. 规格 4. 接线端子材质、规格	台		1. 本体安装 2. 焊、压接线端子 3. 接线
030404021	限位开关				
030404022	控制器				
030404023	接触器				
030404024	磁力启动器				
030404025	Y—△自耦减压启动器				
030404026	电磁铁(电磁制动器)				
030404027	快速自动开关		箱		
030404028	电阻器		台		
030404029	油浸频敏变阻器				
030404030	分流器	1. 名称 2. 型号 3. 规格 4. 容量(A) 5. 接线端子材质、规	个		
030404031	小电器	1. 名称 2. 型号 3. 规格 4. 接线端子材质、规格	个 (套、台)		1. 本体安装 2. 焊、压接线端子 3. 接线
030404032	端子箱	1. 名称 2. 型号 3. 规格 4. 安装部位	台		1. 本体安装 2. 接线
030404033	风扇	1. 名称 2. 型号 3. 规格 4. 安装方式			1. 本体安装 2. 调速开关安装

项目编码	项目名称	项目特征	计量单位	工程量计算规则	工作内容
030404034	照明开关	1. 名称 2. 材质 3. 规格 4. 安装方式	个	按设计图示数量计算	1. 本体安装 2. 接地
030404035	插座				
030404036	其他电器	1. 名称 2. 规格 3. 安装方式	个 (套、台)		1. 安装 2. 接线

注：1. 控制开关包括：自动空气开关、刀型开关、铁壳开关、胶盖刀闸开关、组合控制开关、万能转换开关、风机盘管三速开关、漏电保护开关等。

2. 小电器包括：按钮、电笛、电铃、水位电气信号装置、测量表计、继电器、电磁锁、屏上辅助设备、辅助电压互感器、小型安全变压器等。

3. 其他电器安装指：本节未列的电器项目。

4. 其他电器必须根据电器实际名称确定项目名称，明确描述工作内容、项目特征、计量单位、计算规则。

5. 盘、箱、柜的外部进出电线预留长度见表 3-75。

盘、箱、柜的外部进出线预留长度（单位：m/根）　　　　表 3-75

序号	项　目	预留长度	说明
1	各种箱、柜、盘、板	高+宽	按盘面尺寸
2	单独安装（无箱、盘）的铁壳开关、闸刀开关、启动器、线槽进出线盒、箱式电阻器、变阻器	0.5	从安装对象中心起算
3	继电器、控制开关、信号灯、按钮、熔断器等小电器	0.3	从安装对象中心起算
4	分支接头	0.2	分支线预留

2. 电机检查接线及调试

电机检查接线及调试工程量清单项目设置、项目特征描述的内容、计量单位及工程量计算规则，应按表 3-76 的规定执行。

电机检查接线及调试（编码：030406）　　　　表 3-76

项目编码	项目名称	项目特征	计量单位	工程量计算规则	工作内容
030406001	发电机	1. 名称 2. 型号 3. 容量(kW) 4. 接线端子材质、规格 5. 干燥要求	台	按设计图示数量计算	1. 检查接线 2. 接地
030406002	调相机				
030406003	普通小型直流电动机				
030406004	可控硅调速直流电动机	1. 名称 2. 型号 3. 容量(kW) 4. 类型 5. 接线端子材质、规格 6. 干燥要求			

续表

项目编码	项目名称	项目特征	计量单位	工程量计算规则	工作内容
030406005	普通交流同步电动机	1. 名称 2. 型号 3. 容量(kW) 4. 启动方式 5. 电压等级(kV) 6. 接线端子材质、规格 7. 干燥要求	台	按设计图示数量计算	1. 检查接线 2. 接地 3. 干燥 4. 调试
030406006	低压交流异步电动机	1. 名称 2. 型号 3. 容量(kW) 4. 控制保护方式 5. 接线端子材质、规格 6. 干燥要求			
030406007	高压交流异步电动机	1. 名称 2. 型号 3. 容量(kW) 4. 保护类别 5. 接线端子材质、规格 6. 干燥要求			
030406008	交流变频调速电动机	1. 名称 2. 型号 3. 容量(kW) 4. 类别 5. 接线端子材质、规格 6. 干燥要求			
030406009	微型电机、电加热器	1. 名称 2. 型号 3. 规格 4. 接线端子材质、规格 5. 干燥要求			
030406010	电动机组	1. 名称 2. 型号 3. 电动机台数 4. 联锁台数 5. 接线端子材质、规格 6. 干燥要求	组		
030406011	备用励磁机组	1. 名称 2. 型号 3. 接线端子材质、规格 4. 干燥要求	台		1. 本体安装 2. 检查接线 3. 干燥
030406012	励磁电阻器	1. 名称 2. 型号 3. 规格 4. 接线端子材质、规格 5. 干燥要求			

注：1. 可控硅调速直流电动机类型指一般可控硅调速直流电动机、全数字式控制可控硅调速直流电动机。
2. 交流变频调速电动机类型指交流同步变频电动机、交流异步变频电动机。
3. 电动机按其质量划分为大、中、小型：3t 以下为小型，3～30t 为中型，30t 以上为大型。

3. 附属工程

附属工程工程量清单项目设置、项目特征描述的内容、计量单位及工程量计算规则，应按表 3-77 的规定执行。

附属工程（编码：030413） 表 3-77

项目编码	项目名称	项目特征	计量单位	工程量计算规则	工作内容
030413001	铁构件	1. 名称 2. 材质 3. 规格	kg	按设计图示尺寸以质量计算	1. 制作 2. 安装 3. 补刷（喷）油漆
030413002	凿（压）槽	1. 名称 2. 规格 3. 类型 4. 填充（恢复）方式 5. 混凝土标准	m	按设计图示尺寸以长度计算	1. 开槽 2. 恢复处理
030413003	打洞（孔）	1. 名称 2. 规格 3. 类型 4. 填充（恢复）方式 5. 混凝土标准	个	按设计图示数量计算	1. 开孔、洞 2. 恢复处理
030413004	管道包封	1. 名称 2. 规格 3. 混凝土强度等级	m	按设计图示长度计算	1. 灌注 2. 养护
030413005	人（手）孔砌筑	1. 名称 2. 规格 3. 类型	个	按设计图示数量计算	砌筑
030413006	人（手）孔防水	1. 名称 2. 类型 3. 规格 4. 防水材质及做法	m²	按设计图示防水面积计算	防水

注：铁构件适用于电气工程的各种支架、铁构件的制作安装。

4. 电气调整试验

电气调整试验工程量清单项目设置、项目特征描述的内容、计量单位及工程量计算规则，应按表 3-78 的规定执行。

电气调整试验（编码：030414） 表 3-78

项目编码	项目名称	项目特征	计量单位	工程量计算规则	工作内容
040414001	电力变压器系统	1. 名称 2. 型号 3. 容量（kV·A）	系统	按设计图示系统计算	系统调试
030414002	送配电装置系统	1. 名称 2. 型号 3. 电压等级（kV） 4. 类型			

续表

项目编码	项目名称	项目特征	计量单位	工程量计算规则	工作内容
030414003	特殊保护装置	1. 名称 2. 类型	台（套）	按设计图示数量计算	调试
030414004	自动投入装置		系统 （台、套）		
030414005	中央信号装置	1. 名称 2. 类型	系统（台）		
030414006	事故照明 切换装置		系统	按设计图示系统计算	
030414007	不间断电源	1. 名称 2. 类型 3. 容量			
030414008	母线	1. 名称 2. 电压等级（kV）	段	按设计图示数量计算	
030414009	避雷器		组		
030414010	电容器				
030414011	接地装置	1. 名称 2. 类别	1. 系统 2. 组	1. 以系统计量，按设计图示系统计算 2. 以组计量，按设计图示数量计算	接地电阻测试
030414012	电抗器、消弧线圈		台	按设计图示数量计算	调试
030414013	电除尘器	1. 名称 2. 型号 3. 规格	组		
030414014	硅整流设备、可控硅整流装置	1. 名称 2. 类别 3. 电压（V） 4. 电流（A）	系统	按设计图示系统计算	
030414015	电缆试验	1. 名称 2. 电压等级（kV）	次 （根、点）	按设计图示数量计算	试验

注：1. 功率大于10kW电动机及发电机的启动调试用的蒸汽、电力和其他动力能源消耗及变压器空载试运转的电力消耗及设备需烘干处理应说明。

2. 配合机械设备及其他工艺的单体试车，应按《通用安装工程工程量计算规范》GB 50856—2013附录N措施项目相关项目编码列项。

3. 计算机系统调试应按《通用安装工程工程量计算规范》GB 50856—2013附录F自动化控制仪表安装工程相关项目编码列项。

3.5.2 清单相关问题及说明

1. 控制设备及低压电器安装

表3-74适用于控制设备、各种控制屏、继电信号屏、模拟屏、配电室、整流柜、电气屏（柜）、成套配电箱、控制箱等；低压电器：各种控制开关、控制器、接触器、启动

器及现阶段大量使用的集装箱式配电室等控制设备及低压电器安装工程的工程量清单项目设置与计量。

（1）清单项目描述时，对各种铁构件如需镀锌、镀锡、喷塑等，需予以描述，以便计价。

（2）凡导线进出屏、柜、箱、低压电器的，该清单项目描述时均应描述是否要焊、压接线端子。而电缆进出屏、柜、箱、低压电器的，可不描述焊、（压）接线端子，因为已综合在电缆敷设的清单项目中。

（3）凡需做盘（屏、柜）配线的清单项目必须予以描述。

（4）盘、柜、屏、箱等进出线的预留量（按设计要求或施工验收规范规定的长度）均不作为实物量，但必须在综合单价中体现。

2. 电机检查接线及调试

表 3-76 适用于发电机、调相机、普通小型直流电动机、可控硅调速直流电动机、普通交流同步电动机、低压交流异步电动机、高压交流异步电动机、交流变频调速电动机、微型电机、电加热器、电动机组的检查接线及调试的工程量清单项目设置和计算。

（1）电机是否需要干燥应在项目中予以描述。

（2）电机接线如需焊、压接线端子亦应描述。

（3）按规范要求，从管口到电机接线盒间要有软管保护，项目应描述软管的材质和长度，报价时考虑在综合单价中。

（4）工程内容中应描述"接地"要求，如接地线的材质、防腐处理等。

（5）表 3-76 在检查接线项目中，按电机的名称、型号、规格（即容量）列出。而全统定额按中大型列项，以单台质量在 3t 以下的为小型；单台质量在 3～30t 者为中型；单台质量 30t 以上者为大型。

在报价时，如果参考《全国统一安装工程预算定额》，就按电机铭牌上或产品说明书上的质量对应定额项目即可。

3. 电气调整试验

表 3-78 适用于电力变压器系统、送配电装置系统、特殊保护装置（距离保护、高频保护、失灵保护、失磁保护、交流器断线保护、小电流接地保护）、自动投入装置、接地装置等系统的电气设备的本体试验和主要设备分系统调试的工程量清单项目设置与计量。

调整试验项目系指一个系统的调整试验，它是由多台设备、组件（配件）、网络连在一起，经过调整试验才能完成某一特定的生产过程，这个工作（调试）无法综合考虑在某一实体（仪表、设备、组件、网络）上，因此不能用物理计量单位或一般的自然计量单位来计量，只能用"系统"为单位计量。

电气调试系统的划分以设计的电气原理系统图为依据。具体划分可参照《全国统一安装工程预算工程量计算规则》的有关规定。

3.5.3　工程量清单计价实例

【例 3-58】某电力工程设计安装 6 台控制屏，该屏为成品，内部配线已做好。设计要求需做基础槽钢和进出的接线。试计算控制屏的清单工程量。

【解】

控制屏安装清单工程量按设计图示数量计算。

控制屏安装清单工程量＝6 台

清单工程量计算见表 3-79。

清单工程量计算表　　　　表 3-79

项目编码	项目名称	项目特征描述	计量单位	工程量
030404001001	控制屏	基础槽钢制作、安装；焊、压接线端子	台	6

【**例 3-59**】某电力工程需制作 1 台供一梯三户使用的嵌墙式木板照明配电箱，设木板厚均为 15mm，电气主结线系统如图 3-24 所示，每户两个供电回路，即照明回路和插座回路，楼梯照明由单元配电箱供电，本照明配电箱不予考虑，试计算其清单工程量。

【**解**】

根据清单工程量计算规则：

三相自动空气开关（DZ47-32/3P）安装工程量＝1 个

瓷插式熔断器（BC1A-15/6）安装工程量＝3 个

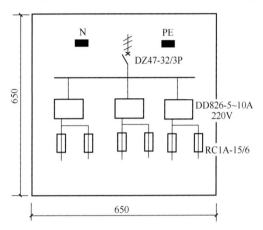

图 3-24 配电箱内电气主结线系统图

三相交流电度表（DD826-5～10A，220V）安装工程量＝6 个

工程量计算结果见表 3-80。

清单工程量计算表　　　　表 3-80

序号	项目编码	项目名称	项目特征描述	计量单位	工程量
1	030404019001	控制开关	三相自动空气开关（DZ47-32/3P）	个	1
2	030404020001	低压熔断器	瓷插式熔断器（RC1A-15/6）	个	6
3	030404031001	小电器	三相交流电度表（DD826-5～10A，220V）	个	3

【**例 3-60**】某电力工程设计 6 台动力配电箱，其中：3 台挂墙安装，型号为 XLX(箱高 0.6m、宽 0.4m、深 0.35m)，电源进线为 VV22-1kV4×25（G50），出线为 BV-5×10（G32），共 3 个回路；另外 3 台落地安装，型号为 XL(F)-15（箱高 1.75m、宽 0.85m、深 0.65m)，电源进线为电源进线为 VV22-1kV4×95（G80），出线为 BV-5×16（G32），共 4 个回路。配电箱基础采用 10 号槽钢制作。试计算其清单工程量。

【**解**】

配电箱安装清单工程量按设计图示数量计算。

（1）型号为 XLX 的配电箱

工程量＝3 台

（2）型号为 XL(F)-15 的配电箱

工程量＝3 台

清单工程量的计算见表 3-81。

清单工程量计算表 表 3-81

序号	项目编码	项目名称	项目特征描述	计量单位	工程量
1	030404017001	配电箱	型号：XLX 规格：高 0.6m，宽 0.4m，深 0.35m 箱体安装 压铜接线端子	台	3
2	030404017002	配电箱	型号：XL（F）-15 规格：高 1.75m，宽 0.85m，深 0.65m 基础槽钢（10 号）制作、安装 箱体安装 压铜接线端子	台	3

【例 3-61】某车间平面图上有五台配电箱，型号分别为 XL(F)-15-0600 三台，XL(F)-15-2020 两台。试计算其清单工程量。

【解】

（1）落地式 XL(F)-15-0600

工程量＝3 台

（2）落地式 XL(F)-15-2020

工程量＝2 台

清单工程量的计算见表 3-82。

清单工程量计算表 表 3-82

序号	项目编码	项目名称	项目特征描述	计量单位	工程量
1	030404017001	配电箱	落地式，XL(F)-15-0600	台	3
2	030404017002	配电箱	落地式，XL(F)-15-2020	台	2

【例 3-62】某贵宾室照明系统中一回路如图 3-25 所示，照明配电箱 AZM 尺寸为 300mm×200mm×120mm（宽×高×厚），电源由本层总配电箱引来，配电箱为嵌入式安装，箱底标高 1.65m；室内中间装饰灯为 XDCZ-50，8×100W，四周装饰灯为 FZS-164，1×100W，两者均为吸顶安装；单联、三联单控开关均为 10A、250V，均暗装，安装高度为 1.45m，两排风扇为 320mm×320mm，1×60W，吸顶安装；管路均为 20 镀锌钢管沿墙、顶板暗配，顶管敷管标高为 4.50m，管内穿阻燃绝缘导线 ZR－BV－500，1.5mm²；开关控制装饰灯 FZS-164 为隔一控一；配管水平长度见图示括号内数字，单位为 m，试计算控制开关的工程量。

【解】

（1）单联单控开关的工程量＝1 个

（2）三联单控开关的工程量＝1 个

【例 3-63】某工厂采用多组低压熔断器连接方式，如图 3-26 所示，该方式可靠性高，停电面积小，熔断器保护灵敏度高，计算低压熔断器工程量。

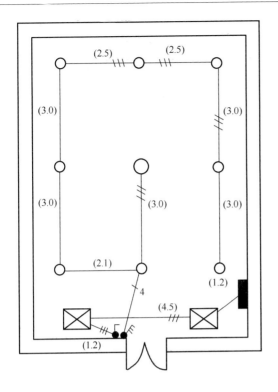

图 3-25 照明平面图

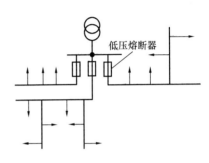

图 3-26 多组低压熔断器连接方式

【解】

低压熔断器的工程量＝3 个

【例 3-64】 某大型会议室安装 3 台（285mm×285mm，1×40W）的排风扇，试计算其清单工程量。

【解】

根据工程量计算规则：

排风扇(285mm×285mm，1×40W)安装工程量＝3 台

工程量计算结果见表 3-83。

清单工程量计算表　　　　　　　　　　　　　　　　　　　　表 3-83

项目编码	项目名称	项目特征描述	计量单位	工程量
030404033001	风扇	排风扇（285mm×285mm，1×40W）	台	3

【例 3-65】 某高校学生宿舍局部电气安装工程的工程量计算如下：砖混结构暗敷焊接钢管 SC15 为 85m，SC20 为 52.5m，SC25 为 28.4m；暗装灯头盒 30 个，开关盒、插座盒 38 个；链吊双管荧光灯 YG2-22×40W 为 27 套；F81/1D，10A250V 暗装开关为 23 套；F81/10US，10A250V 暗装插座为 24 套；管内穿照明导线 BV-2.5 为 312.8m。试计算清单工程量。

【解】

清单工程量计算见表 3-84。

清单工程量计算表 表 3-84

项目编码	项目名称	项目特征描述	计量单位	工程量
030404031001	小电器	暗装开关安装 F81/1D，10A250V	套	30
030404031002	小电器	暗装插座安装 F81/10US，10A250V	套	24
030411001001	配管	SC15 砖混结构暗敷	m	85
030411001002	配管	SC20 砖混结构暗敷	m	52.5
030411001003	配管	SC25 砖混结构暗敷	m	28.4
030412005001	荧光灯	双管荧光灯链吊安装 YG2-22×40W	套	27
030411004001	配线	BV-2.5	m	312.8

【例 3-66】某 220kV 万安变电站工程中，安装了 9 台 XW-1 型户外端子箱，其接线方式如图 3-27 所示，试计算其工程量。

【解】

根据工程量计算规则，得：

端子箱工程量＝9 台

工程量计算结果见表 3-85。

【例 3-67】如图 3-28 所示，各设备分别由 HHK、QZ、QC 进行控制，试计算其清单工程量。

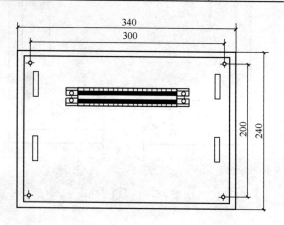

图 3-27 端子箱接线示意图

清单工程量计算表 表 3-85

项目编码	项目名称	项目特征描述	计量单位	工程量
030404032001	端子箱	XW-1 型户外端子箱	台	9

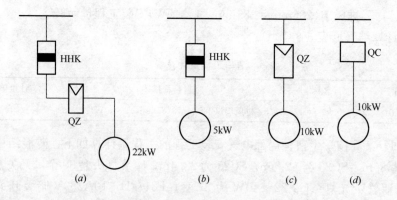

图 3-28 低压交流异步电动机

(a) 电动机磁力启动器控制调试；(b) 电动机刀开关控制调试；

(c) 电动机磁力启动器控制调试；(d) 电动机电磁启动器控制调试

【解】

电动机控制调试工程量计算见表 3-86。

清单工程量计算表　　　　表 3-86

项目编码	项目名称	项目特征描述	计量单位	工程量
030406006001	低压交流异步电动机	22kW	台	1
030406006002	低压交流异步电动机	5kW	台	1
030406006003	低压交流异步电动机	10kW	台	1
030406006004	低压交流异步电动机	10kW	台	1

【例 3-68】某建筑工程安装 2 台电力变压器，并对其进行检查接线及调试，试计算其工程量。

【解】

根据工程量计算规则：

电力变压器系统调试工程量＝2 系统

清单工程量计算见表 3-87。

清单工程量计算表　　　　表 3-87

项目编码	项目名称	项目特征描述	计量单位	工程量
030414001001	电力变压器系统	电力变压器系统调试	系统	2

【例 3-69】某电力工程中送配电装置系统，2kV 以下交流供电，要对其进行电气调整试验，试计算其工程量。

【解】

送配电装置系统调试清单工程量按设计图示系统计算。

送配电装置系统调试工程量＝1 系统

清单工程量计算见表 3-88。

清单工程量计算表　　　　表 3-88

项目编码	项目名称	项目特征描述	计量单位	工程量
030414002001	送配电装置系统	按实际需求	系统	1

【例 3-70】某 110kV 电力电缆试验工程，采用了一根型号为 YJSV-110kV-1×630 的电缆，电缆试验项目为配合电缆头直流耐压试验、正负阻抗电阻电容测定、波阻试验、电缆护层遥测试验和电缆护层耐压试验，试计算电缆试验的清单工程量。

【解】

电缆试验清单工程量按设计图示数量计算。

清单工程量计算见表 3-89。

清单工程量计算表　　　　表 3-89

项目编码	项目名称	项目特征描述	计量单位	工程量
030414015001	电缆试验	YJSV-110kV-1×630 配合电缆头直流耐压试验	根	1

项目编码	项目名称	项目特征描述	计量单位	工程量
030414015002	电缆试验	YJSV-110kV-1×630 正负阻抗电阻电容测定	根	1
030414015003	电缆试验	YJSV-110kV-1×630 波阻试验	根	1
030414015004	电缆试验	YJSV-110kV-1×630 电缆护层遥测试验	根	1
030414015005	电缆试验	YJSV-110kV-1×630 电缆护层耐压试验	根	1

4 通风空调工程清单工程量计算及实例

4.1 通风空调设备及部件制作安装工程清单工程量计算及实例

4.1.1 工程量清单计价规则

通风及空调设备及部件制作安装工程量清单项目、设置项目特征描述的内容、计量单位及工程量计算规则，应按表 4-1 的规定执行。

通风及其空调设备及部件制定安装（编码：030701）   表 4-1

项目编码	项目名称	项目特征	计量单位	工程量计算规则	工程内容
030701001	空气加热器（冷却器）	1. 名称 2. 型号 3. 规格 4. 质量 5. 安装形式 6. 支架形式、材质	台	按设计图示数量计算	1. 本体安装、调试 2. 设备支架制作、安装 3. 补刷（喷）油漆
030701002	除尘设备				
030701003	空调器	1. 名称 2. 型号 3. 规格 4. 安装形式 5. 质量 6. 隔振垫（器）、支架形式、材质	台（组）		1. 本体安装或组装、调试 2. 设备支架制作、安装 3. 补刷（喷）油漆
030701004	风机盘管	1. 名称 2. 型号 3. 规格 4. 安装形式 5. 减振器、支架形式、材质 6. 试压要求	台		1. 本体安装、调试 2. 支架制作、安装 3. 试压 4. 补刷（喷）油漆
030701005	表冷器	1. 名称 2. 型号 3. 规格			1. 本体安装 2. 型钢制安 3. 过滤器安装 4. 挡水板安装 5. 调试及运转 6. 补刷（喷）油漆
030701006	密闭门	1. 名称 2. 型号 3. 规格 4. 形式 5. 支架形式、材质	个		1. 本体制作 2. 本体安装 3. 支架制作、安装
030701007	挡水板				
030701008	滤水器、溢水盘				
030701009	金属壳体				

续表

项目编码	项目名称	项目特征	计量单位	工程量计算规则	工程内容
030701010	过滤器	1. 名称 2. 型号 3. 规格 4. 类型 5. 框架形式、材质	1. 台 2. m²	1. 以台计量，按设计图示数量计算 2. 以面积计量，按设计图示尺寸以过滤面积计算	1. 本体安装 2. 框架制作、安装 3. 补刷（喷）油漆
030701011	净化工作台	1. 名称 2. 型号 3. 规格 4. 类型	台	按设计图示数量计算	1. 本体安装 2. 补刷（喷）油漆
030701012	风淋室	1. 名称 2. 型号 3. 规格 4. 类型 5. 质量			
030701013	洁净室				
030701014	除湿机	1. 名称 2. 型号 3. 规格 4. 类型			本体安装
030701015	人防过滤吸收器	1. 名称 2. 规格 3. 形式 4. 材质 5. 支架形式、材质			1. 过滤吸收器安装 2. 支架制作、安装

4.1.2 清单相关问题及说明

通风空调设备安装的地脚螺栓按设备自带考虑。

4.1.3 工程量清单计价实例

【例 4-1】某学校礼堂安装空气加热器（冷却器）3 台，规格型号为 KJ2501，重量为 30.2kg/个，支架为 8 号槽钢 8045kg/m×5m，金属支架刷防锈油漆一遍，刷调合漆两遍，如图 4-1 所示。试计算清单工程量。

【解】

空气加热器（冷却器）工程量＝3 台

清单工程量计算表见表 4-1。

清单工程量计算表   表 4-2

项目编码	项目名称	项目特征描述	计量单位	工程量
030701001001	空气加热器（冷却器）	空气加热器（冷却器），规格型号为 KJ2501，质量为 30.2kg/个，支架为 8 号槽钢 8045kg/m×5m，金属支架刷防锈油漆一遍，刷调合漆两遍	台	3

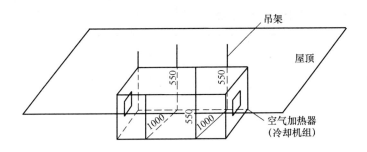

图 4-1 空气加热器安装示意图

【例 4-2】某工程安装的除尘系统图如图 4-2 所示,计算除尘器工程量。

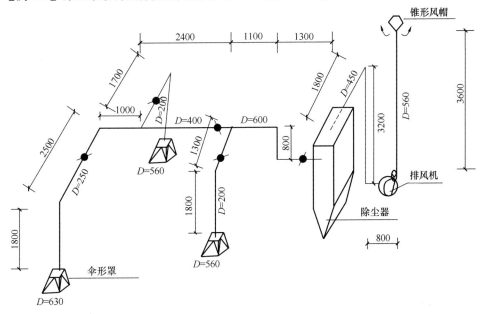

图 4-2 除尘系统图

【解】

除尘器的工程量=1 台

【例 4-3】某系统安装了 HF25-01DDB 型恒温恒湿空调机两台,重 0.2t,计算空调机组安装的清单工程量。

【解】

根据工程量计算规则,整体式空调机组安装,空调器按不同重量和安装方式以"台"为计量单位。

工程量=2 台

清单工程量计算表见表 4-3。

清单工程量计算表   表 4-3

项目编码	项目名称	项目特征描述	计量单位	工程量
030701003001	空调器	HF25-01DDB 型恒温恒湿空调机	台	2

【例 4-4】 某风机盘管采用卧式暗装（吊顶式），如图 4-3 所示，试计算清单工程量。

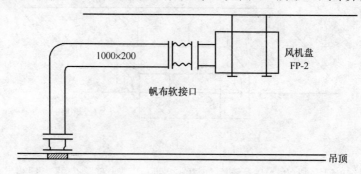

图 4-3 风机盘管安装示意图

【解】

风机盘管安装工程量＝1 台

清单工程量计算表见表 4-4。

清单工程量计算表 表 4-4

项目编码	项目名称	项目特征描述	计量单位	工程量
030701004001	风机盘管	吊顶式	台	1

【例 4-5】 有 4 个 T704-7 钢板密闭门（850×550），试计算其清单工程量。

【解】

根据工程量计算规则，钢板密封门制作安装工程量以"个"为单位进行计算。

钢板密封门制作安装工程量＝4 个

清单工程量计算表见表 4-5。

清单工程量计算表 表 4-5

项目编码	项目名称	项目特征描述	计量单位	工程量
030701006001	密闭门	钢板，850×550，T704-7	个	4

【例 4-6】 某钢制挡水板如图 4-4 所示，其规格为六折曲板，片距为 50mm，尺寸为

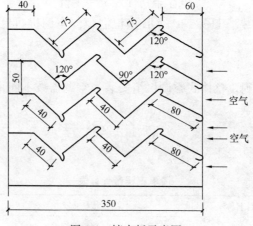

图 4-4 挡水板示意图

800mm×350mm×360mm（长×宽×高），计算挡水板的工程量。

【解】

挡水板的工程量＝(0.04＋0.04＋0.075＋0.04＋0.075＋0.080)×0.8×4＝1.12m²

4.2　通风管道制作安装工程清单工程量计算及实例

4.2.1　工程量清单计价规则

通风管道制作安装工程量清单项目设置、项目特征描述的内容、计量单位及工程量计算规则，应按表 4-6 的规定执行。

通风管道制作安装（编码：030702）　　表 4-6

项目编码	项目名称	项目特征	计量单位	工程量计算规则	工程内容
030702001	碳钢通风管道	1. 名称 2. 材质 3. 形状 4. 规格 5. 板材厚度 6. 管件、法兰等附件及支架设计要求 7. 接口形式	m²	按设计图示尺寸以展开面积计算	1. 风管、管件、法兰、零件、支吊架制作、安装 2. 过跨风管落地支架制作、安装
030702002	净化通风管道				
030702003	不锈钢板通风管道	1. 名称 2. 形状 3. 规格 4. 板材厚度 5. 管件、法兰等附件及支架设计要求 6. 接口形式		按设计图示内径尺寸以展开面积计算	1. 风管、管件、法兰、零件、支吊架制作、安装 2. 过跨风管落地支架制作、安装
030702004	铝板通风管道				
030702005	塑料通风管道				
030702006	玻璃钢通风管道	1. 名称 2. 形状 3. 规格 4. 板材厚度 5. 支架形式、材质		按设计图示内径尺寸以展开面积计算	1. 风管、管件安装 2. 支吊架制作、安装 3. 过跨风管落地支架制作、安装
030702007	复合型风管	1. 名称 2. 材质 3. 形状 4. 规格 5. 板材厚度 6. 接口形式 7. 支架形式、材质			

续表

项目编码	项目名称	项目特征	计量单位	工程量计算规则	工程内容
030702008	柔性软风管	1. 名称 2. 材质 3. 形状 4. 风管接头、支架形式、材质	1. m 2. 节	1. 以米计量，按设计图示中心线以长度计算 2. 以节计量，按设计图示数量计算	1. 风管安装 2. 风管接头安装 3. 支吊架制作、安装
030702009	弯头导流叶片	1. 名称 2. 材质 3. 规格 4. 形式	1. m² 2. 组	1. 以面积计量，按设计图示以展开面积平方米计算 2. 以组计量，按设计图示数量计算	1. 制作 2. 组装
030702010	风管检查孔	1. 名称 2. 材质 3. 规格	1. kg 2. 个	1. 以千克计量，按风管检查孔质量计算 2. 以个计量，按设计图示数量计算	1. 制作 2. 安装
030702011	温度、风量测定孔	1. 名称 2. 材质 3. 规格 4. 设计要求	个	按设计图示数量计算	1. 制作 2. 安装

4.2.2 清单相关问题及说明

（1）风管展开面积，不扣除检查孔、测定孔、送风口、吸风口等所占面积；风管长度一律以设计图示中心线长度为准（主管与支管以其中心线交点划分），包括弯头、三通、变径管、天圆地方等管件的长度，但不包括部件所占的长度。风管展开面积不包括风管、管口重叠部分面积。风管渐缩管：圆形风管按平均直径，矩形风管按平均周长。

（2）穿墙套管按展开面积计算，计入通风管道工程量中。

（3）通风管道的法兰垫料或封口材料，按图纸要求应在项目特征中描述。

（4）净化通风管的空气清洁度按 100000 级标准编制，净化通风管使用的型钢材料如要求镀锌时，工作内容应注明支架镀锌。

（5）弯头导流叶片数量，按设计图纸或规范要求计算。

（6）风管检查孔、温度测定孔、风量测定孔数量，按设计图纸或规范要求计算。

4.2.3 工程量清单计价实例

【例 4-7】 如图 4-5 所示，有 122.5m 长直径为 480mm 的薄钢板圆形风管，试计算其清单工程量（$\delta=2$mm 焊接）。

【解】

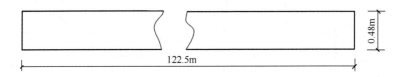

图 4-5 风管尺寸示意图

风管按施工图示不同规格以展开面积计算，不扣除检查孔、测定孔、送风口、吸风口等所占面积，计算风管长度时，一律以施工图示中心线长度为准，则：

工程量计算式 $S=\pi DL=3.14 \times 0.48 \times 122.5=184.63 m^2$

具体的清单工程量计算见表 4-7。

清单工程量计算表 表 4-7

项目编码	项目名称	项目特征描述	计量单位	工程量
030702001001	碳钢通风管道	管道中心线长度 122.5m，直径 0.48m	m^2	184.63

【例 4-8】试计算如图 4-6 所示管道的清单工程量。

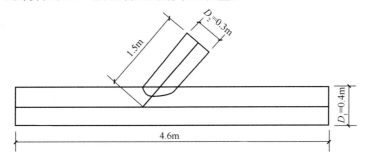

图 4-6 管道尺寸示意图

【解】

（1）当 $D_1=400mm$ 时，工程量 $S=\pi D_1 L_1=3.14 \times 0.4 \times 4.6=5.78 m^2$

（2）当 $D_2=300mm$ 时，工程量 $S=\pi D_2 L_2=3.14 \times 0.3 \times 1.5=1.41 m^2$

清单工程量计算见表 4-8。

清单工程量计算表 表 4-8

项目编码	项目名称	项目特征描述	计量单位	工程量
030702001001	碳钢通风管道	直径为 400mm，长度为 4.4m	m^2	5.78
030702001002	碳钢通风管道	直径为 300mm，长度为 1.5m	m^2	1.41

【例 4-9】某医院住院部的通风空调工程所安装得碳素钢镀锌钢板圆形风管如图 4-7 所示，该风管直径为 450mm，两端吊托架，计算该风管工程量。

【解】

碳钢通风管道的工程量 $=3.14 \times 0.45 \times 22=31.09 m^2$

【例 4-10】如图 4-8 所示玻璃钢通风管道尺寸为 1000×1000，厚 5mm，长 37.2m，试计算其工程量。

【解】

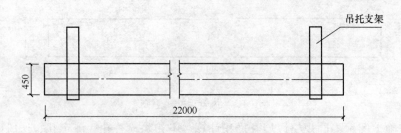

图 4-7　风管示意图

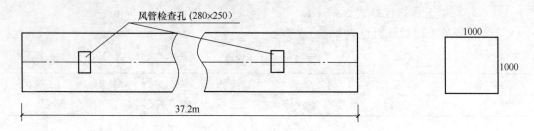

图 4-8　通风管示意图

玻璃钢通风管工程量 $S=2\times(1.0+1.0)\times37.2=148.8\mathrm{m}^2$

清单工程量计算表见表 4-9。

清单工程量计算表　　　　　　　　　　　　　　　表 4-9

项目编码	项目名称	项目特征描述	计量单位	工程量
030702006001	玻璃钢通风管道	1000×1000，长 37.2m	m²	148.8

【例 4-11】某酒店 4 层空调扩建工程须增装矩形风管（1200mm×400mm）共 48m，单层百叶风口的制作、安装（T202－2，550×375）共 36 个。请对各工程项目计算其工程量。

【解】

（1）通风管道的制作与安装

$$(1.2+0.4)\times2\times48=153.6\mathrm{m}^2$$

（2）单层、百叶风口安装

$$工程量=36 个$$

清单工程量计算表见表 4-10。

清单工程量计算表　　　　　　　　　　　　　　　表 4-10

序号	项目编码	项目名称	项目特征描述	计量单位	工程量
1	030702001001	碳钢通风管道	1200×400	m²	153.6
2	030703007001	碳钢风口、散流器制作安装	单层百叶风口，T202-2，550×375	个	36

【例 4-12】镀锌薄钢板圆形风管 $\phi600$，$\delta=1\mathrm{mm}$，长度 12.6m。试计算其清单工程量。

【解】

风管展开面积：

$$F=\pi\times D\times L=3.14\times0.6\times12.6=23.74\mathrm{m}^2$$

清单工程量计算表见表 4-11。

清单工程量计算表　　　　　　　　　　　　　　　　　　表 4-11

项目编码	项目名称	项目特征描述	计量单位	工程量
030702001001	碳钢通风管道	镀锌薄钢板，圆形风管 $\phi600$	m²	23.74

【例 4-13】某医院手术室排风示意图如图 4-9 所示，计算风管的工程量。

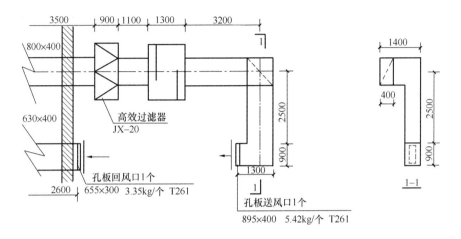

图 4-9　某医院手术室排风示意

【解】

（1）风管（800mm×400mm）的工程量

$$长度 L_1 = 3.5 + 1.1 + 3.2 + 1.4 + 2.5 + 0.9 + 1.3 - \frac{0.8}{2} = 13.5\text{m}$$

风管（800mm×400mm）的工程量 = $(0.8+0.4) \times 2 \times L_1 = 1.2 \times 2 \times 13.5 = 32.4\text{m}^2$

（2）风管（630mm×400mm）的工程量计算。

$$长度 L_2 = 2.6\text{m}$$

风管（630mm×400mm）的工程量 = $(0.63+0.4) \times 2 \times L_2 = 1.03 \times 2 \times 2.6 = 5.36\text{m}^2$

【例 4-14】某铝板渐缩管均匀送风管如图 4-10 所示，大头直径为 750mm，小头直径 500mm，其上开一个 270×230 的风管检查孔孔长为 20.8m。请计算其清单工程量。

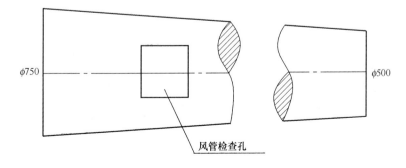

图 4-10　送风管示意图

【解】

铝板风管的工程量 $S = L\pi(D+d)/2$

$$= 20.8 \times 3.14 \times (0.75+0.5)/2$$
$$= 20.8 \times 3.14 \times 0.625$$
$$= 40.82 \text{m}^2$$

清单工程量计算见表 4-12。

清单工程量计算表 表 4-12

项目编码	项目名称	项目特征描述	计量单位	工程量
030702004001	铝板通风管道	大头直径为 750mm，小头直径 500mm	m²	40.82

【例 4-15】楼梯与电梯前室通风示意图如图 4-11 所示，该楼共十层，每隔一层接一个通风管道，即为双数层安装通风管道，且每层有两个电梯合用前室，以保证楼梯与电梯合用前室有 5~10Pa 的正压。计算不锈钢板风管的工程量。

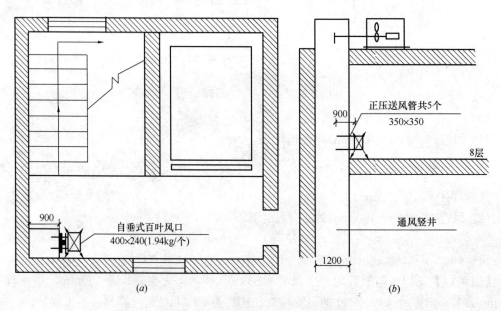

图 4-11 楼梯与电梯前室通风示意图（单位：mm）
(a) 楼梯与电梯合用前室加压送风平面图；(b) 合用前室正压送风轴测图

【解】

长度 $L = 0.9 \times 5$(共 5 层有)$\times 2$(每层有 2 个电梯合用前室)$= 9.00$m

不锈钢板风管的工程量 $= (0.35+0.35) \times 2 \times L = 0.7 \times 2 \times 9 = 12.6 \text{m}^2$

【例 4-16】某复合型风管（300mm×300mm）$\delta = 4$mm，长为 30.4m，表面除锈刷油处理，有两处吊托支架支撑，试计算其清单工程量。

【解】

清单工程量 $S = 2 \times (0.3+0.3) \times 30.4 = 36.48 \text{m}^2$

清单工程量计算见表 4-13。

清单工程量计算表　　　　　　　　表 4-13

项目编码	项目名称	项目特征描述	计量单位	工程量
030702007001	复合型风管	300×300，$\delta=4$mm，长 30.4m	m²	36.48

【例 4-17】某塑料通风管斜插三通示意图如图 4-12 所示，计算风管工程量。

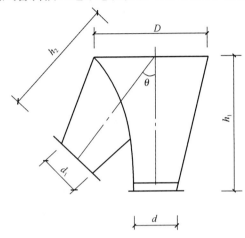

图 4-12　塑料通风管斜插三通示意

注：$D=255$mm；$d=125$mm；$d_1=110$mm；$h_1=1400$mm；$h_2=1300$mm。

【解】

当 $\theta=30°$、$45°$、$60°$，$h_1 \geqslant 5D$ 时，则有

$$塑料通风管道的工程量 = \left(\frac{D+d}{2}\right)\pi h_1 + \left(\frac{D+d_1}{2}\right)\pi h_2$$

$$= \left(\frac{0.255+0.125}{2}\right)\times 3.14 \times 1.4 + \left(\frac{0.255+0.11}{2}\right)\times 3.14 \times 1.3$$

$$= 1.58 \text{m}^2$$

说明：塑料通风管计算工程量时，管径用的是内管径，若管径长度不是内管径长度，应减去壁厚再进行计算，在该题中所表示的管径按内管管径计算。

【例 4-18】某塑料风管送风平面图如图 4-13 所示，500mm×320mm 的风管壁厚 4mm，800mm×320mm 的风管壁厚 5mm，1250mm×320mm 的风管壁厚 8mm，计算该风管的工程量。

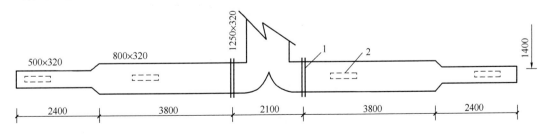

图 4-13　塑料风管送风平面图

1—法兰；2—单层百叶风口

【解】

(1) 风管（1250mm×320mm）工程量

$$长度 L_1 = 1.4 + 2.1 = 3.5m$$

$$风管(1250mm×320mm)的工程量 = (1.25-0.016+0.32-0.016)×2×L_1$$
$$= 1.538×2×3.5$$
$$= 10.766m^2$$

(2) 风管(800mm×320mm)工程量

$$长度 L_2 = 3.8×2 = 7.6m$$

$$风管(800mm×320mm)的工程量 = (0.8-0.01+0.32-0.01)×2×L_2$$
$$= 1.1×2×7.6$$
$$= 16.72m^2$$

(3) 风管(500mm×320mm)工程量

$$长度 L_3 = 2.4×2 = 4.80m$$

$$风管(500mm×320mm)的工程量 = (0.5-0.008+0.32-0.008)×2×L_3$$
$$= 0.804×2×4.80$$
$$= 7.72m^2$$

说明：塑料风管的工程量是按照风管的内径来计算的，不同管径，塑料风管的壁厚有所不同，所以在计算时要扣除风管壁厚。

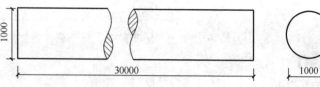

图 4-14　玻璃钢风道示意图

【例 4-19】 某办公大楼通风工程安装玻璃钢风道，如图 4-14 所示，该风道直径为 1m，风道总长 30m，风道带保温夹层，厚 50mm。落地支架有三处，分别为 20kg、45kg、56kg，计算风道工程量（保温材料是超细玻璃棉，外缠塑料布两道，玻璃丝布两道，刷调合漆两道厚 2mm）。

【解】

$$玻璃钢通风管的工程量 = \pi DL = 3.14×1×30 = 94.2m^2$$

【例 4-20】 某复合型风管示意图如图 4-15 所示，计算风管工程量。

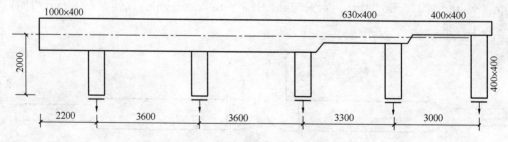

图 4-15　复合型风管示意图

【解】

(1)风管(1000mm×400mm)工程量

$$长度 L_1 = 2.2+3.6+3.6+0.2 = 9.6m$$

风管(1000mm×400mm)的工程量 $= (1+0.4)\times 2\times L_1$

$$= 1.4\times 2\times 9.6$$

$$= 26.88\text{m}^2$$

(2) 风管(630mm×400mm)工程量

$$\text{长度} L_2 = 3.3-0.2+0.2 = 3.3\text{m}$$

风管(630mm×400mm)的工程量 $= (0.63+0.4)\times 2\times L_2$

$$= 1.03\times 2\times 3.3$$

$$= 6.8\text{m}^2$$

(3) 风管(400mm×400mm)工程量

$$\text{长度} L_3 = 3-0.2+0.2 = 3\text{m}$$

$$\text{长度} L_4 = 2+2+2+2+\frac{1}{2}-\frac{0.63}{2}+2.0+\frac{1}{2}-\frac{1}{2}$$

$$= 10.49\text{m}$$

风管(400mm×400mm)的工程量 $= (0.4+0.4)\times 2\times (L_3+L_4)$

$$= (0.4+0.4)\times 2\times (3+10.49)$$

$$= 21.58\text{m}^2$$

说明：L_3是 400mm×400mm 干管长度，L_4是 400mm×400mm 支管长度，并且干管中连接的支管长度是从所连接的干管中心线到支管的末端。

4.3 通风管道部件制作安装工程清单工程量计算及实例

4.3.1 工程量清单计价规则

通风管道部件制作安装工程量清单项目设置、项目特征描述的内容、计量单位及工程量计算规则，应按表 4-14 的规定执行。

通风管道部件制作安装（编码：030703）　　　　　　　　表 4-14

项目编码	项目名称	项目特征	计量单位	工程量计算规则	工程内容
030703001	碳钢调节阀	1. 名称 2. 型号 3. 规格 4. 质量 5. 类型 6. 支架形式、材质	个	按设计图示数量计算	1. 阀体制作 2. 阀体安装 3. 支架制作、安装
030703002	柔性软风管阀门	1. 名称 2. 规格 3. 材质 4. 类型			阀体安装

项目编码	项目名称	项目特征	计量单位	工程量计算规则	工程内容
030703003	铝蝶阀	1. 名称 2. 规格 3. 质量 4. 类型	个	按设计图示数量计算	阀体安装
030703004	不锈钢蝶阀				
030703005	塑料阀门	1. 名称 2. 型号 3. 规格 4. 类型			
030703006	玻璃钢蝶阀				
030703007	碳钢风口、散流器、百叶窗	1. 名称 2. 型号 3. 规格 4. 质量 5. 类型 6. 形式	个	按设计图示数量计算	1. 风口制作、安装 2. 散流器制作、安装 3. 百叶窗安装
030703008	不锈钢风口、散流器、百叶窗	1. 名称 2. 型号 3. 规格 4. 质量 5. 类型 6. 形式			
030703009	塑料风口、散流器、百叶窗				
030703010	玻璃钢风口	1. 名称 2. 型号 3. 规格 4. 类型 5. 形式			风口安装
030703011	铝及铝合金风口、散流器				1. 风口制作、安装 2. 散流器制作、安装
030703012	碳钢风帽	1. 名称 2. 规格 3. 质量 4. 类型 5. 形式 6. 风帽筝绳、泛水设计要求			1. 风帽制作、安装 2. 筒形风帽滴水盘制作、安装 3. 风帽筝绳制作、安装 4. 风帽泛水制作、安装
030703013	不锈钢风帽				
030703014	塑料风帽				
030703015	铝板伞形风帽				1. 板伞形风帽制作安装 2. 风帽筝绳制作、安装 3. 风帽泛水制作、安装
030703016	玻璃钢风帽				1. 玻璃钢风帽安装 2. 筒形风帽滴水盘安装 3. 风帽筝绳安装 4. 风帽泛水安装

续表

项目编码	项目名称	项目特征	计量单位	工程量计算规则	工程内容
030703017	碳钢罩类	1. 名称 2. 型号 3. 规格 4. 质量 5. 类型 6. 形式	个	按设计图示数量计算	1. 罩类制作 2. 罩类安装
030703018	塑料罩类				
030703019	柔性接口	1. 名称 2. 规格 3. 材质 4. 类型 5. 形式	m²	按设计图示尺寸以展开面积计算	1. 柔性接口制作 2. 柔性接口安装
030703020	消声器	1. 名称 2. 规格 3. 材质 4. 形式 5. 质量 6. 支架形式、材质	个	按设计图示数量计算	1. 消声器制作 2. 消声器安装 3. 支架制作安装
030703021	静压箱	1. 名称 2. 规格 3. 形式 4. 材质 5. 支架形式、材质	1. 个 2. m²	1. 以个计量，按设计图示数量计算 2. 以平方米计量，按设计图示尺寸展开面积计算	1. 静压箱制作、安装 2. 支架制作、安装
030703022	人防超压自动排气阀	1. 名称 2. 型号 3. 规格 4. 类型	个	按设计图示数量计算	安装
030703023	人防手动密闭阀	1. 名称 2. 型号 3. 规格 4. 支架形式、材质			1. 密闭阀安装 2. 支架制作、安装
030703024	人防其他部件	1. 名称 2. 型号 3. 规格 4. 类型	个（套）		安装

4.3.2　清单相关问题及说明

（1）碳钢阀门包括：空气加热器上通阀、空气加热器旁通阀、圆形瓣式启动阀、风管蝶阀、风管止回阀、密闭式斜插板阀、矩形风管三通调节阀、对开多叶调节阀、风管防火阀、各型风罩调节阀、人防工程密闭阀、自动排气活门等。

（2）塑料阀门包括：塑料蝶阀、塑料插板阀、各型风罩塑料调节阀。

（3）碳钢风口、散流器、百叶窗包括：百叶风口、矩形送风口、矩形空气分布器、风管插板风口、旋转吹风口、圆形散流器、方形散流器、流线型散流器、送吸风口、活动算式风口、网式风口、钢百叶窗等。

（4）碳钢罩类包括：皮带防护罩、电动机防雨罩、侧吸罩、中小型零件焊接台排气罩、整体分组式槽边侧吸罩、吹吸式槽边通风罩、条缝槽边抽风罩、泥心烘炉排气罩、升降式回转排气罩、上下吸式圆形回转罩、升降式排气罩、手锻炉排气罩。

（5）塑料罩类包括：塑料槽边侧吸罩、塑料槽边风罩、塑料条缝槽边抽风罩。

（6）柔性接口指：金属、非金属软接口及伸缩节。

（7）消声器包括：片式消声器、矿棉管式消声器、聚酯泡沫管式消声器、卡普隆纤维管式消声器、弧形声流式消声器、阻抗复合式消声器、微穿孔板消声器、消声弯头。

（8）通风部件图纸要求制作安装、要求用成品部件只安装不制作，这类特征在项目特征中应明确描述。

（9）静压箱的面积计算：按设计图示尺寸以展开面积计算，不扣除开口的面积。

4.3.3　工程量清单计价实例

【例4-21】某地下车库排风平面图如图4-16所示，其中防火阀均为70℃常开防火阀，计算碳钢调节阀的工程量。

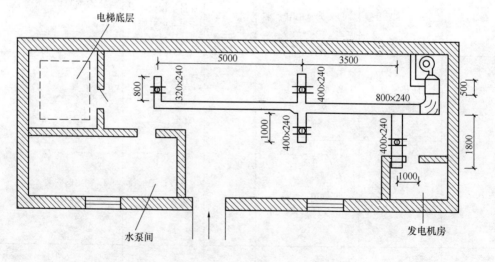

图 4-16　地下车库排风平面图

【解】

320mm×240mm 70℃常开防火阀的工程量＝1个

400mm×240mm 70℃常开防火阀的工程量＝3 个

【例 4-22】部件手动密闭式对开多叶调节阀制作安装，规格 630mm×320mm，T308
—1，10 个，试计算其清单工程量。

【解】

手动密闭式对开多叶调节阀工程量＝10 个

清单工程量计算见表 4-15。

清单工程量计算表　　　　　表 4-15

项目编码	项目名称	项目特征描述	计量单位	工程量
030703001001	碳钢调节阀制作安装	手动密闭式对开多叶调节阀 630×320	个	10

【例 4-23】某柔性软风管（无保温套）如图 4-17 所示，风管直径为 500mm，计算阀
门工程量。

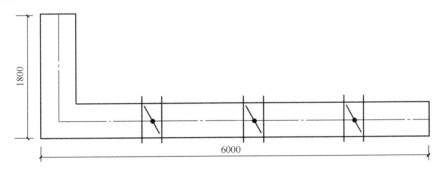

图 4-17　柔性软风管示意图

【解】

柔性软风管阀门的工程量＝3 个

【例 4-24】已知长为 5.2m 的铝板通风管如图 4-18 所示，断面尺寸为 400mm×
400mm，一处吊托支架，其上安装一个长度为 150mm 的铝蝶阀（是成品），试计算这段
管段设备的工程量。

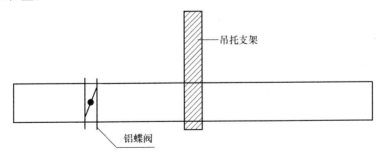

图 4-18　通风管示意图

【解】

（1）铝板通风管道

工程量 $S=2\times(0.4+0.4)\times(5.2-0.15)$

$$=2\times0.8\times5.05$$

$$=8.08m^2$$

（2）铝蝶阀

工程量＝1 个

清单工程量计算表见表 4-16。

清单工程量计算表 表 4-16

项目编码	项目名称	项目特征描述	计量单位	工程量
030702004001	铝板通风管道	400mm×400mm	m²	8.08
030703003001	铝蝶阀	长度为150mm	个	1

【例 4-25】某铝板通风管如图 4-19 所示，该管长 5m，断面尺寸为 500mm×500mm，一处吊托支架，管上安装 800mm×500mm 的铝蝶阀（成品），计算铝蝶阀的工程量。

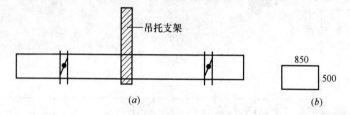

图 4-19 铝板通风管示意图

（a）风管平面图；（b）铝蝶阀截面图

【解】

铝蝶阀的工程量＝2（个）

【例 4-26】某送风管道示意图如图 4-20 所示，试计算散流器的工程量。

【解】

散流器制作安装的工程量＝6 个

【例 4-27】某圆形风管散流器如图 4-21 所示，计算该风管流散器工程量。

【解】

$\phi80$ 圆形散流器的工程量＝2 个

【例 4-28】部件双层百叶风口制作安装，规格 330mm×240mm，T202-2，9 个，试计算其清单工程量。

【解】

工程量＝9 个

清单工程量计算表见表 4-17。

清单工程量计算表 表 4-17

项目编码	项目名称	项目特征描述	计量单位	工程量
030703007001	百叶风口制作安装	双层，330×240，T202—2	个	9

【例 4-29】T609 锥形碳钢风帽如图 4-22 所示，共有该风帽 11 个，计算锥形碳钢风帽工程量。

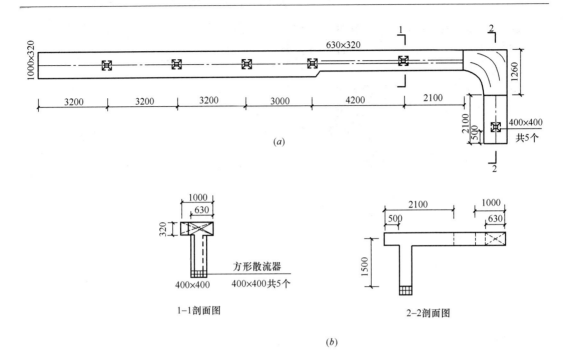

图 4-20 某送风管示意图

（a）立面图；（b）剖面图

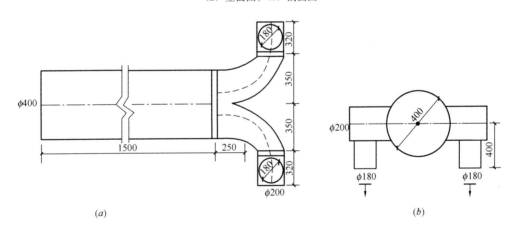

图 4-21 圆形风管散流器

（a）平面图；（b）立面图

【解】

锥形碳钢风帽的工程量＝11 个

清单工程量计算表见表 4-18。

清单工程量计算表 表 4-18

项目编码	项目名称	项目特征描述	计量单位	工程量
030703012001	碳钢风帽制作安装	T609 锥形碳钢风帽	个	11

【例 4-30】某塑料圆伞形风帽如图 4-23 所示,其直径为 280mm,试计算其清单工程量。

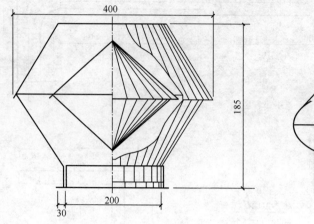

图 4-22 锥形碳钢风帽

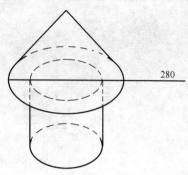

图 4-23 风帽示意图

【解】

$$工程量=1 个$$

清单工程量计算见表 4-19。

清单工程量计算表

表 4-19

项目编码	项目名称	项目特征描述	计量单位	工程量
030703014001	塑料风帽	圆伞形,直径为 280mm	个	1

【例 4-31】某空调送风平面图如图 4-24 所示,其中消声静压箱的尺寸为 2400mm×2800mm×1200mm,如图 4-25 所示,计算静压箱工程量。

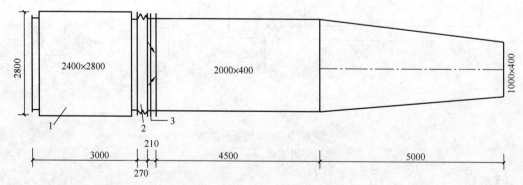

图 4-24 空调送风平面图

1—消声静压箱;2—软管;3—电动对开多叶调节阀

【解】

$$静压箱制作安装的工程量=(2.4×2.8+2.8×1.2+2.5×1.2)×2$$
$$=26.16m^2$$

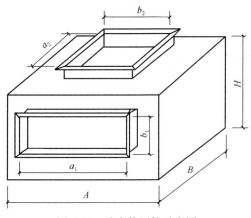

图 4-25 消声静压箱示意图

4.4 通风工程检测、调试清单工程量计算及实例

4.4.1 工程量清单计价规则

通风工程检测、调试工程量清单项目设置、项目特征描述的内容、计量单位及工程量计算规则，应按表 4-20 的规定执行。

通风工程检测、调试（编码：030704） 表 4-20

项目编码	项目名称	项目特征	计量单位	工程量计算规则	工程内容
030704001	通风工程检测、调试	风管工程量	系统	按由通风设备、管道及部件等组成的通风系统计算	1. 通风管道风量测定 2. 风压测定 3. 温度测定 4. 各系统风口、阀门调整
030704002	风管漏光试验、漏风试验	漏光试验、漏风试验设计要求	m²	按设计图纸或规范要求以展开面积计算	通风管道漏光试验、漏风试验

4.4.2 工程量清单计价实例

【例 4-32】某通风系统的检测、调试，其中管道漏光试验 4 次，漏风试验 2 次，通风管道风量测定 2 次，风压测定 4 次，温度测量 2 次，各系统风口阀门调整 7 次。试计算其清单工程量。

【解】

通风系统的检测、调试工程量＝1 系统

清单工程量计算见表 4-21。

清单工程量计算表 表 4-21

项目编码	项目名称	项目特征描述	计量单位	工程量
030704001001	通风工程检测、调试	检测、调试	系统	1

5 工业管道工程清单工程量计算及实例

5.1 管道安装工程清单工程量计算及实例

5.1.1 工程量清单计价规则

1. 低压管道

低压管道工程量清单项目设置、项目特征描述的内容、计量单位及工程量计算规则，应按表 5-1 的规定执行。

低压管道（编码：030801）　　　　　　　　　　　　　　　表 5-1

项目编码	项目名称	项目特征	计量单位	工程量计算规则	工作内容
030801001	低压碳钢管	1. 材质 2. 规格 3. 连接形式、焊接方法 4. 压力试验、吹扫与清洗设计要求 5. 脱脂设计要求			1. 安装 2. 压力试验 3. 吹扫、清洗 4. 脱脂
030801002	低压碳钢伴热管	1. 材质 2. 规格 3. 连接形式 4. 安装位置 5. 压力试验、吹扫与清洗设计要求	m	按设计图示管道中心线以长度计算	1. 安装 2. 压力试验 3. 吹扫、清洗
030801003	衬里钢管预制安装	1. 材质 2. 规格 3. 安装方式（预制安装或成品管道） 4. 连接形式 5. 压力试验、吹扫与清洗设计要求			1. 管道、管件及法兰安装 2. 管道、管件拆除 3. 压力试验 4. 吹扫、清洗
030801004	低压不锈钢伴热管	1. 材质 2. 规格 3. 连接形式 4. 安装位置 5. 压力试验、吹扫与清洗设计要求			1. 安装 2. 压力试验 3. 吹扫、清洗

续表

项目编码	项目名称	项目特征	计量单位	工程量计算规则	工作内容
030801005	低压碳钢板卷管	1. 材质 2. 规格 3. 焊接方法 4. 压力试验、吹扫与清洗设计要求 5. 脱脂设计要求	m	按设计图示管道中心线以长度计算	1. 安装 2. 压力试验 3. 吹扫、清洗 4. 脱脂
030801006	低压不锈钢管	1. 材质 2. 规格 3. 焊接方法 4. 充氩保护方式、部位 5. 压力试验、吹扫与清洗设计要求 6. 脱脂设计要求			1. 安装 2. 焊口充氩保护 3. 压力试验 4. 吹扫、清洗 5. 脱脂
030801007	低压不锈钢板卷管				
030801008	低压合金钢管	1. 材质 2. 规格 3. 焊接方法 4. 压力试验、吹扫与清洗设计要求 5. 脱脂设计要求			1. 安装 2. 压力试验 3. 吹扫、清洗 4. 脱脂
030801009	低压钛及钛合金管	1. 材质 2. 规格 3. 焊接方法 4. 充氩保护方式、部位 5. 压力试验、吹扫与清洗设计要求 6. 脱脂设计要求			1. 安装 2. 焊口充氩保护 3. 压力试验 4. 吹扫、清洗 5. 脱脂
030801010	低压镍及镍合金管				
030801011	低压铬及铬合金管				
030801012	低压铝及铝合金管				
030801013	低压铝及铝合金板卷管				
030801014	低压铜及铜合金管	1. 材质 2. 规格 3. 焊接方法 4. 压力试验、吹扫与清洗设计要求 5. 脱脂设计要求			1. 安装 2. 压力试验 3. 吹扫、清洗 4. 脱脂
030801015	低压铜及铜合金板卷管				
030801016	低压塑料管	1. 材质 2. 规格 3. 连接形式 4. 压力试验、吹扫设计要求 5. 脱脂设计要求			1. 安装 2. 压力试验 3. 吹扫 4. 脱脂
030801017	金属骨架复合管				
030801018	低压玻璃钢管				

项目编码	项目名称	项目特征	计量单位	工程量计算规则	工作内容
030801019	低压铸铁管	1. 材质 2. 规格 3. 连接形式 4. 接口材料 5. 压力试验、吹扫设计要求 6. 脱脂设计要求	m	按设计图示管道中心线以长度计算	1. 安装 2. 压力试验 3. 吹扫 4. 脱脂
030801020	低压预应力混凝土管				

2. 中压管道

中压管道工程量清单项目设置、项目特征描述的内容、计量单位及工程量计算规则，应按表 5-2 的规定执行。

中压管道（编码：030802）   表 5-2

项目编码	项目名称	项目特征	计量单位	工程量计算规则	工作内容
030802001	中压碳钢管	1. 材质 2. 规格 3. 连接形式、焊接方法 4. 压力试验、吹扫与清洗设计要求 5. 脱脂设计要求	m	按设计图示管道中心线以长度计算	1. 安装 2. 压力试验 3. 吹扫、清洗 4. 脱脂
030802002	中压螺旋卷管				
030802003	中压不锈钢管	1. 材质 2. 规格 3. 焊接方法 4. 充氩保护方式、部位 5. 压力试验、吹扫与清洗设计要求 6. 脱脂设计要求			1. 安装 2. 焊口充氩保护 3. 压力试验 4. 吹扫、清洗 5. 脱脂
030802004	中压合金钢管				
030802005	中压铜及铜合金管	1. 材质 2. 规格 3. 焊接方法 4. 压力试验、吹扫与清洗设计要求 5. 脱脂设计要求			1. 安装 2. 压力试验 3. 吹扫、清洗 4. 脱脂
030802006	中压钛及钛合金管	1. 材质 2. 规格 3. 焊接方法 4. 充氩保护方式、部位 5. 压力试验、吹扫与清洗设计要求 6. 脱脂设计要求			1. 安装 2. 焊口充氩保护 3. 压力试验 4. 吹扫、清洗 5. 脱脂
030802007	中压锆及锆合金管				
030802008	中压镍及镍合金管				

3. 高压管道

高压管道工程量清单项目设置、项目特征描述的内容、计量单位及工程量计算规则，应按表 5-3 的规定执行。

高压管道（编码：030803）　　　　　　　　　　　　　表 5-3

项目编码	项目名称	项目特征	计量单位	工程量计算规则	工作内容
030803001	高压碳钢管	1. 材质 2. 规格 3. 连接方式、焊接方法 4. 充氩保护方式、部位 5. 压力试验、吹扫与清洗设计要求 6. 脱脂设计要求	m	按设计图示管道中心线以长度计算	1. 安装 2. 焊口充氩保护 3. 压力试验 4. 吹扫、清洗 5. 脱脂
030803002	高压合金钢管				
030803003	高压不锈钢管				

5.1.2 清单相关问题及说明

（1）管道工程量计算不扣除阀门、管件所占长度；室外埋设管道不扣除附属构筑物（井）所占长度；方形补偿器以其所占长度列入管道安装工程量。

（2）衬里钢管预制安装包括直管、管件及法兰的预安装及拆除。

（3）压力试验按设计要求描述试验方法，如水压试验、气压试验、泄漏性试验、真空试验等。

（4）吹扫与清洗按设计要求描述吹扫与清洗方法和介质，如水冲洗、空气吹扫、蒸汽吹扫、化学清洗、油清洗等。

（5）脱脂按设计要求描述脱脂介质种类，如二氯乙烷、三氯乙烯、四氯化碳、动力苯、丙酮或酒精等。

5.1.3 工程量清单计价实例

【例 5-1】如图 5-1 所示为某配管图，采用管径为 $DN20$mm 碳钢管，其中 l_1 长度为 3480mm，l_2 长度为 2560mm，试计算图示管道清单工程量。

【解】

管径为 $DN20$mm 碳钢管长度 $L=l_1+l_2=3.48+2.56=6.04$m

清单工程量计算见表 5-4。

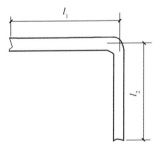

图 5-1　配管图

清单工程量计算表　　　　　　　　　　　　　表 5-4

项目编号	项目名称	项目特征描述	计量单位	工程量
030801001001	低压碳钢管	管径为 $DN20$	m	6.04

【例 5-2】某淋浴器安装示意图如图 5-2 所示，计算低压碳钢管的工程量。

已知：

（1）热水管采用碳钢管电弧焊，外刷二道红丹防锈漆，再刷两遍银粉。管外加 5mm 厚岩棉保温层，外缠保护层铝箔。

（2）冷水管采用碳钢管电弧焊；外刷二道红丹防锈漆，再刷两遍银粉。

（3）混合水管为不锈钢管。

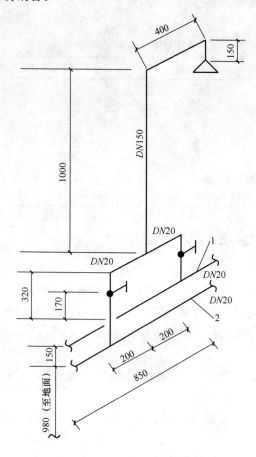

图 5-2　淋浴器安装
1—热水管；2—冷水管

【解】

（1）$DN20$ 冷水管道的工程量＝水平长度＋竖直长度

$$＝(0.85＋0.2)＋(0.15＋0.32)＝1.52m$$

（2）$DN20$ 热水管道的工程量＝水平长度＋竖直长度

$$＝(0.85＋0.2)＋0.32＝1.37m$$

（3）$DN20$ 低压碳钢管的工程量＝1.52＋1.37＝2.89m

清单工程量计算见表 5-5。

清单工程量计算表

表 5-5

项目编号	项目名称	项目特征描述	计量单位	工程量
030801001001	低压碳钢管	管径为 $DN20$	m	2.89

【例 5-3】 如图 5-3 为某工艺管道采用配管剖面图，管道选用软聚氯乙烯板衬里钢管，规格为 $\phi60×2.5$，长度 $L＝6m$，试计算其清单工程量。

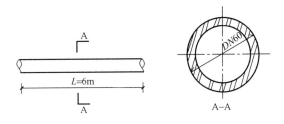

图 5-3 某工艺管道配管剖面图

【解】

衬里钢管预制安装 $\phi60\times2.5$，工程量 $L=6$m。

清单工程量计算见表 5-6。

清单工程量计算表 表 5-6

项目编号	项目名称	项目特征描述	计量单位	工程量
030801003001	衬里钢管预制安装	管径为 60mm，壁厚 2.5mm	m	6

【例 5-4】 某单身公寓燃气管道工程示意图如图 5-4 所示，计算低压不锈钢管的工程量。

已知：

(1) 燃气管道采用不锈钢（电弧焊）螺纹明装，管道穿墙穿楼板处均应设钢套管，燃气表进口处采用旋塞。

(2) 燃气灶采用双眼燃气灶。埋地管采用刷油防腐，外露管刷环氧银粉漆两遍。

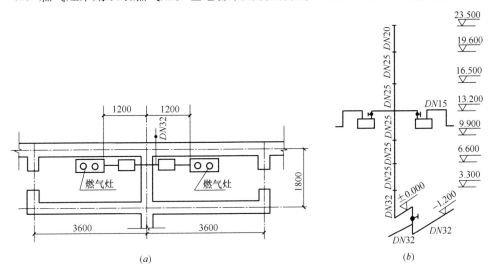

图 5-4 某单身公寓燃气管道工程示意图

(a) 燃气管道平面图；(b) 燃气管道系统图

【解】

(1) DN32 低压不锈钢管的工程量 $=3.3-(-1.2)+1.2=5.7$m

说明：1.2m 为燃气管入户距墙的距离。

（2）DN25 低压不锈钢管的工程量＝19.6－3.3＝16.3m

（3）DN20 低压不锈钢管的工程量＝23.5－19.6＝3.9m

（4）DN15 低压不锈钢管的工程量＝1.2×2×7＝16.8m

清单工程量计算见表 5-7。

清单工程量计算表　　　　　　　　　　　　　　　　表 5-7

项目编号	项目名称	项目特征描述	计量单位	工程量
030801006001	低压不锈钢管	管径为 DN32	m	5.7
030801006002	低压不锈钢管	管径为 DN25	m	16.3
030801006003	低压不锈钢管	管径为 DN20	m	3.9
030801006004	低压不锈钢管	管径为 DN15	m	16.8

【例 5-5】某低压不锈钢板卷管，假设 DN100 的钢管长 1800m，保温层厚 60mm，DN200 钢管长 900m，保温层厚 80mm。计算该低压不锈钢板卷管的工程量。

【解】

（1）DN100 低压不锈钢卷管的工程量＝1800m

（2）DN200 低压不锈钢卷管的工程量＝900m

【例 5-6】如图 5-5 为试验室测水平装置，U 形管采用塑料管 $\phi12$，水平测试高度压显示最大高度为 1.2m，弯管半径 8.5mm，水平测位计安装结束后气密性试验，试计算其清单工程量。

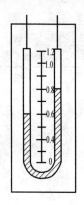

图 5-5　U 形管

【解】

工程量管道长度

$$L=1.2\times2+3.14\times0.0085=2.43m$$

清单工程量计算见表 5-8。

清单工程量计算表　　　　　　　　　　　　　　　　表 5-8

项目编号	项目名称	项目特征描述	计量单位	工程量
030801016001	低压塑料管	承插粘结，接口为玻璃管，DN12，气密性试验	m	2.43

【例 5-7】某铸铁省煤器附件及管路图如图 5-6 所示，该管路图中所有管件均为低压法兰铸铁管，计算该低压法兰铸铁管的工程量。

【解】

（1）DN80 低压法兰铸铁管的工程量＝0.8＋0.75＝1.55m

（2）DN100 低压法兰铸铁管的工程量＝2.2m

（3）DN200 低压法兰铸铁管的工程量＝3.2×2＝6.4m

清单工程量计算见表 5-9。

清单工程量计算表　　　　　　　　　　　　　　　　表 5-9

序号	项目编号	项目名称	项目特征描述	计量单位	工程量
1	030801019001	低压铸铁管	管径为 DN80	m	1.55

续表

序号	项目编号	项目名称	项目特征描述	计量单位	工程量
2	030801019002	低压铸铁管	管径为 $DN100$	m	2.2
3	030801019003	低压铸铁管	管径为 $DN200$	m	6.4

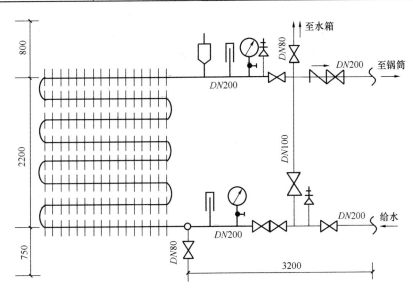

图 5-6 铸铁省煤器附件及管路图

【例 5-8】如图 5-7 所示为某生产流水线上产品流通线管道配置图，配管采用 $\phi25\times1.5$，玻璃钢管，其中水平管段总长为 4.5m，斜管滑段长为 5m，管道安装结束后水清洗并脱脂，试求其清单工程量。

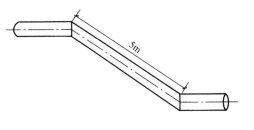

图 5-7 管道配管图

【解】

低压玻璃钢管 $\phi125\times1.5$，工程量 $L=4.5+5=9.5m$。

清单工程量计算见表 5-10。

清单工程量计算表   表 5-10

项目编号	项目名称	项目特征描述	计量单位	工程量
030801018001	低压玻璃钢管	管径 $\phi125$，壁厚 1.5mm	m	9.5

【例 5-9】具体数据如图 5-8 所示，本工程为某氧气加压站工艺管道系统图，试计算清单工程量。

【解】

（1）管道工程量：管道包括 $\phi108\times4$ 和 $\phi133\times5$ 两种，分别计算如下：

1）$\phi108\times4$ 碳钢无缝钢管的长度

$L=$ 水平长度十竖直长度

$=(2.8\times2+6+18+8+8+6+1.6\times2+5+5)+[(3.6-1)\times3+(3.6-1.2)$

×2+(4.8－2.8)×2]
=81.4m

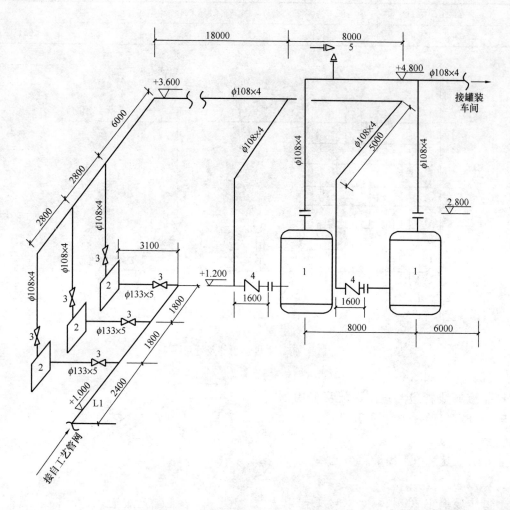

图 5-8 氧气加压站工艺管道系统图

1—缓冲罐；2—氧气加压泵；3—截止阀；4—止回阀；5—安全阀

2) $\phi133\times5$ 碳钢无缝钢管的长度

$$L=3.1\times3+2.4+1.8\times2=15.3m$$

(2) 成品管件工程量

1) 碳钢对焊法兰：4 副

2) 焊接阀门（承插焊）：8 个

3) 弯头：$\phi108\times4$，8 个；$\phi133\times5$，1 个

4) 三通：$\phi108\times4$，4 个；$\phi133\times5$，2 个

(3) 缓冲罐出口管道工程量

$$长度 L=8+6+(4.8-2.8)\times2=18m$$

清单工程量计算见表 5-11。

清单工程量计算表　　　　　　　　　　　　　　表 5-11

序号	项目编号	项目名称	项目特征描述	计量单位	工程量
1	030802001001	中压碳钢管	$\phi108\times4$，喷射除锈管通水压试验 管道系统空气吹扫 管道刷油、焊接缝 X 光射线探伤	m	81.4
2	030802001002	中压碳钢管	$\phi133\times5$，喷射除锈 管通水压试验 管道系统空气吹扫 管道刷油、焊接缝 X 光射线探伤	m	15.3
3	030802001003	中压碳钢管	$\phi108\times4$，管道外壁喷射除锈，管道系统空气吹扫，管道系统水压试验，管道外壁加岩棉绝热层铝箔保护层	m	18
4	030811002001	中压碳钢焊接法兰	碳钢对焊法兰	副	4
5	030805001002	中压碳钢管件	焊接阀门（承插焊）	个	8
6	030805001003	中压碳钢管件	弯头，8 个 $\phi108\times4$，1 个 $\phi133\times5$	个	9
7	030805001004	中压碳钢管件	三通，4 个 $\phi108\times4$，2 个 $\phi133\times5$	个	6

5.2　管件安装工程清单工程量计算及实例

5.2.1　工程量清单计价规则

1. 低压管件

低压管件工程量清单项目设置、项目特征描述的内容、计量单位及工程量计算规则，应按表 5-12 的规定执行。

低压管件（编码：030804）　　　　　　　　　　表 5-12

项目编码	项目名称	项目特征	计量单位	工程量计算规则	工作内容
030804001	低压碳钢管件	1. 材质 2. 规格 3. 连接方式 4. 补强圈材质、规格	个	按设计图示数量计算	1. 安装 2. 三通补强圈制作、安装
030804002	低压碳钢板卷管件				
030804003	低压不锈钢管件	1. 材质 2. 规格 3. 焊接方法 4. 补强圈材质、规格 5. 充氩保护方式、部位			1. 安装 2. 管件焊口充氩保护 3. 三通补强圈制作、安装
030804004	低压不锈钢板卷管件				
030804005	低压合金钢管件				

项目编码	项目名称	项目特征	计量单位	工程量计算规则	工作内容
030804006	低压加热外套碳钢管件（两半）	1. 材质 2. 规格 3. 连接形式	个	按设计图示数量计算	安装
030804007	低压加热外套不锈钢管件（两半）				
030804008	低压铝及铝合金管件	1. 材质 2. 规格 3. 焊接方法 4. 补强圈材质、规格			1. 安装 2. 三通补强圈制作、安装
030804009	低压铝及铝合金板卷管件				
030804010	低压铜及铜合金管件	1. 材质 2. 规格 3. 焊接方法			安装
030804011	低压钛及钛合金管件	1. 材质 2. 规格 3. 焊接方法 4. 充氩保护方式、部位			1. 安装 2. 管件焊口充氩保护
030804012	低压锆及锆合金管件				
030804013	低压镍及镍合金管件				
030804014	低压塑料管件	1. 材质 2. 规格 3. 连接形式 4. 接口材料			安装
030804015	金属骨架复合管件				
030804016	低压玻璃钢管件				
030804017	低压铸铁管件				
030804018	低压预应力混凝土转换件				

2. 中压管件

中压管件工程量清单项目设置、项目特征描述的内容、计量单位及工程量计算规则，应按表5-13的规定执行。

中压管件（编码：030805）　　　　　表5-13

项目编码	项目名称	项目特征	计量单位	工程量计算规则	工作内容
030805001	中压碳钢管件	1. 材质 2. 规格 3. 焊接方法 4. 补强圈材质、规格	个	按设计图示数量计算	1. 安装 2. 三通补强圈制作、安装
030805002	中压螺旋卷管件				
030805003	中压不锈钢管件	1. 材质 2. 规格 3. 焊接方法 4. 充氩保护方式、部位			1. 安装 2. 管件焊口充氩保护

项目编码	项目名称	项目特征	计量单位	工程量计算规则	工作内容
030805004	中压合金钢管件	1. 材质 2. 规格 3. 焊接方法 4. 充氩保护方式 5. 补强圈材质、规格	个	按设计图示数量计算	1. 安装 2. 三通补强圈制作、安装
030805005	中压铜及铜合金管件	1. 材质 2. 规格 3. 焊接方法			安装
030805006	中压钛及钛合金管件	1. 材质 2. 规格 3. 焊接方法 4. 充氩保护方式、部位			1. 安装 2. 管件焊口充氩保护
030805007	中压锆及锆合金管件				
030805008	中压镍及镍合金管件				

3. 高压管件

高压管件工程量清单项目设置、项目特征描述的内容、计量单位及工程量计算规则，应按表 5-14 的规定执行。

高压管件（编码：030806）　　　　　　　　　　　　　　表 5-14

项目编码	项目名称	项目特征	计量单位	工程量计算规则	工作内容
030806001	高压碳钢管件	1. 材质 2. 规格 3. 连接方式、焊接方法 4. 充氩保护方式、部位	个	按设计图示数量计算	1. 安装 2. 管件焊口充氩保护
030806002	高压不锈钢管件				
030806003	高压合金钢管件				

5.2.2 清单相关问题及说明

（1）管件包括弯头、三通、四通、异径管、管接头、管帽、方形补偿器弯头、管道上仪表一次部件、仪表温度计扩大管制作安装等。

（2）管件压力试验、吹扫、清洗、脱脂均包括在管道安装中。

（3）在主管上挖眼接管的三通和捧制异径管，均以主管径按管件安装工程量计算，不另计制作费和主材费；挖眼接管的三通支线管径小于主管径 1/2 时，不计算管件安装工程量；在主管上挖眼接管的焊接接头、凸台等配件，按配件管径计算管件工程量。

（4）三通、四通、异径管均按大管径计算。

（5）管件用法兰连接时执行法兰安装项目，管件本身不再计算安装。

（6）半加热外套管捧口后焊接在内套管上，每处焊口按一个管件计算；外套碳钢管如焊接不锈钢内套管上时，焊口间需加不锈钢短管衬垫，每处焊口按两个管件计算。

5.2.3 工程量清单计价实例

【例 5-10】 图 5-9 所示为某管道安装工程量的同径三通、异径三通、异径管示意图，管件规格如图示，请计算其清单工程量。

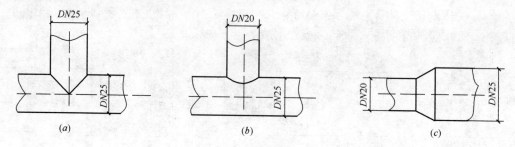

图 5-9 三通示意图

（a）同径三通；（b）异径三通；（c）异径管

【解】

三通与异径管以"个"为单位计算，清单工程量计算表见表 5-15。

清单工程量计算表   表 5-15

项目编码	项目名称	项目特征描述	计量单位	工程量
030804001001	低压碳钢管件	DN25 三通，氩弧焊	个	2
030804001002	低压碳钢管件	DN25 异径管，氩弧焊	个	1

【例 5-11】 某商场空调机房螺杆式压缩机冷却水系统图如图 5-10 所示，计算该系统的低压不锈钢管件的工程量。

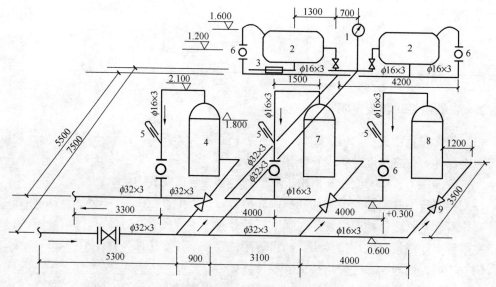

图 5-10 螺杆式压缩机冷却水系统图

1—压力表；2—空压机主体；3—压力继电器；4—中间冷却器；

5—玻璃温度计；6—透视镜；7—末端冷却器；8—油冷却器；9—截止阀

已知：

(1) 管道采用无缝不锈钢管材，管道连接采用电弧焊。

(2) 三通现场挖眼制作，弯头机械煨弯，与管道电弧焊连接，阀门采用螺纹阀门。

(3) 管道安装前要除锈、刷油（两遍红丹防锈漆，两遍调合漆）。

(4) 管道安装完毕要进行管道系统空气吹扫，低中压管道要进行液压试验。

(5) 焊口设计要求按 50% 作超声波无损伤探测。

【解】

(1) $DN16$ 三通的工程量=5 个

(2) $DN32$ 三通的工程量=7 个

【例 5-12】如图 5-11 所示为供暖管段 $DN50$ 的一个 90° 有缝钢管弯头，要除锈，刷两遍红丹防锈漆、两遍银粉，外加 20mm 厚的岩棉保温层，外缠铝箔保护层，试求此弯头的清单工程量。

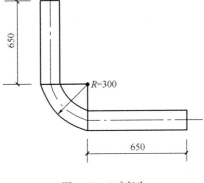

图 5-11 90° 弯头

【解】

弯头所耗 $DN50$ 有缝钢管长度

$$L = (A+B) + \alpha R$$
$$= (0.65+0.65) + \frac{90°}{180°}\pi \times 0.3$$
$$= 1.77m$$

式中 A、B——分别是两直管段长度(mm)。

三通与异径管以"个"为单位计算，清单工程量计算表见表 5-16。

清单工程量计算表 表 5-16

项目编码	项目名称	项目特征描述	计量单位	工程量
030804001001	低压碳钢管件	$DN50$，90° 有缝钢管弯头，除锈刷两遍红丹防锈漆，两遍银粉，保温层，保护层	m	1.77

【例 5-13】某车间管道配管示意图如图 5-12 所示，配管采用不锈钢管件（电弧焊），试计算管件连接清单工程量。

【解】

清单工程量计算见表 5-17。

清单工程量计算表 表 5-17

序号	项目编码	项目名称	项目特征描述	计量单位	工程量
1	030804003001	低压不锈钢管件	$\phi 50 \times 3$ 成品管件弯头	个	6
2	030804003002	低压不锈钢管件	$\phi 50 \times 3$ 四通	个	1
3	030804003003	低压不锈钢管件	$\phi 50 \times 3$ 异径三通	个	1
4	030804003004	低压不锈钢管件	$\phi 32 \times 2.5$ 弯头	个	1
5	030804003005	低压不锈钢管件	$\phi 32 \times 2.5$ 异径三通	个	1
6	030804003006	低压不锈钢管件	$\phi 18 \times 2$ 三通	个	1

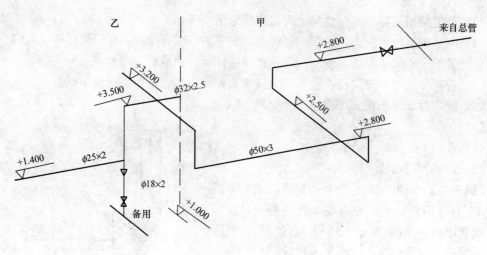

图 5-12　车间管道配管示意图

【例 5-14】 某蒸汽管道剖面图如图 5-13 所示，在一工厂生产厂区蒸汽输送管路中，共用到 6 个高压碳钢蒸汽管件，计算该管件的工程量。

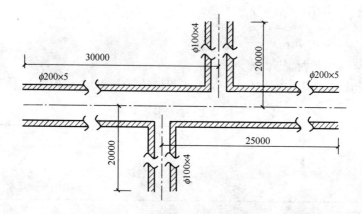

图 5-13　蒸汽管道剖面图

注：套管上时，焊口间需加不锈钢短管衬垫，每处焊口按两个管件计算

【解】

高压碳钢管件的工程量＝8 个

5.3　阀门安装工程清单工程量计算及实例

5.3.1　工程量清单计价规则

1. 低压阀门

低压阀门工程量清单项目设置、项目特征描述的内容、计量单位及工程量计算规则，应按表 5-18 的规定执行。

低压阀门（编码：030807）　　　　　　　　表 5-18

项目编码	项目名称	项目特征	计量单位	工程量计算规则	工作内容
030807001	低压螺纹阀门	1. 名称 2. 材质 3. 型号、规格 4. 连接形式 5. 焊接方法	个	按设计图示数量计算	1. 安装 2. 操纵装置安装 3. 壳体压力试验、解体检查及研磨 4. 调试
030807002	低压焊接阀门				
030807003	低压法兰阀门				
030807004	低压齿轮、液压传动、电动阀门				1. 安装 2. 壳体压力试验、解体检查及研磨 3. 调试
030807005	低压安全阀门				
030807006	低压调节阀门	1. 名称 2. 材质 3. 型号、规格 4. 连接形式			1. 安装 2. 临时短管装拆 3. 壳体压力试验、解体检查及研磨 4. 调试

2. 中压阀门

中压阀门工程量清单项目设置、项目特征描述的内容、计量单位及工程量计算规则，应按表 5-19 的规定执行。

中压阀门（编码：030808）　　　　　　　　表 5-19

项目编码	项目名称	项目特征	计量单位	工程量计算规则	工作内容
030808001	中压螺纹阀门	1. 名称 2. 材质 3. 型号、规格 4. 连接形式 5. 焊接方法	个	按设计图示数量计算	1. 安装 2. 操纵装置安装 3. 壳体压力试验、解体检查及研磨 4. 调试
030808002	中压焊接阀门				
030808003	中压法兰阀门				
030808004	中压齿轮、液压传动、电动阀门				1. 安装 2. 壳体压力试验、解体检查及研磨 3. 调试
030808005	中压安全阀门				
030808006	中压调节阀门	1. 名称 2. 材质 3. 型号、规格 4. 连接形式			1. 安装 2. 临时短管装拆 3. 壳体压力试验、解体检查及研磨 4. 调试

3. 高压阀门

高压阀门工程量清单项目设置、项目特征描述的内容、计量单位及工程量计算规则，应按表 5-20 的规定执行。

高压阀门（编码：030809） 表 5-20

项目编码	项目名称	项目特征	计量单位	工程量计算规则	工作内容
030809001	高压螺纹阀门	1. 名称 2. 材质 3. 型号、规格 4. 连接形式 5. 法兰垫片材质	个	按设计图示数量计算	1. 安装 2. 壳体压力试验、解体检查及研磨
030809002	高压法兰阀门				
030809003	高压焊接阀门	1. 名称 2. 材质 3. 型号、规格 4. 焊接方法 5. 充氩保护方式、部位			1. 安装 2. 焊口充氩保护 3. 壳体压力试验、解体检查及研磨

5.3.2 清单相关问题及说明

（1）减压阀直径按高压侧计算。

（2）电动阀门包括电动机安装。

（3）操纵装置安装按规范或设计技术要求计算。

5.3.3 工程量清单计价实例

【例 5-15】某冷冻泵入口平面图如图 5-14 所示，试计算低压调节阀门的工程量。

【解】

$DN100$ 低压调节阀门的工程量 = 2 个

$DN150$ 低压调节阀门的工程量 = 1 个

$DN200$ 低压调节阀门的工程量 = 1 个

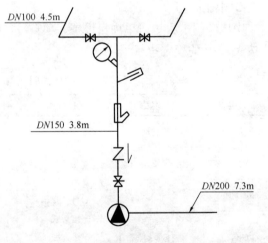

图 5-14 冷冻泵入口平面图

【例 5-16】如图 5-15 所示为室外给水管管网的水表安装图，试求此图的工程量。

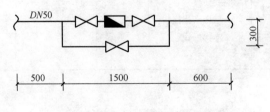

图 5-15 室外给水管网水表安装图

【解】

(1) 镀锌无缝钢管 $DN50$ 的工程量

$$L=0.5+1.5+0.6+0.3\times2+1.5=4.7\text{m}$$

(2) $DN50$ 的焊接阀门工程量：3 个

(3) 水表：1 组

清单工程量计算见表 5-21。

清单工程量计算表

表 5-21

序号	项目编码	项目名称	项目特征描述	计量单位	工程量
1	030801001001	低压碳钢管	镀锌无缝钢管 $DN50$	m	4.7
2	030807002001	低压焊接阀门	$DN50$ 焊接阀门	个	3
3	031003013001	水表	水表	组	1

【例 5-17】 图 5-16 为铸铁省煤器附件及管路图，省煤器对锅炉给水预热采用铸铁，管道采用低压铸铁管螺纹连接，便于省煤器更换，管路上附件采用对焊法兰连接。请计算其清单工程量。

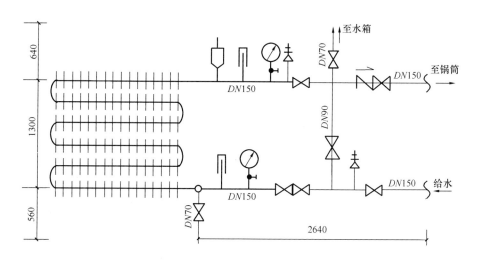

图 5-16 铸铁省煤器附件及管路

【解】

(1) 管道的工程量

铸铁管道包括 $DN70$、$DN90$、$DN150$，其工程量分别计算如下：

1) $DN70$ 铸铁管的长度 $L=(0.56+0.64)\text{m}=1.2\text{m}$

2) $DN90$ 铸铁管的长度 $L=1.3\text{m}$

3) $DN150$ 铸铁管的长度 $L=2.64\times2\text{m}=5.28\text{m}$

(2) 成品管件工程量

1) 压力表：2 台

2) 温度计：2 支

3) 放气阀：1个

4) 截止阀（DN70）：2个

截止阀（DN150）：5个

截止阀（DN90）：1个

5) 止回阀（DN150）：1个

6) 安全阀（DN150）：2个

7) 焊接铸铁法兰 DN150：8副

焊接铸铁法兰 DN90：1副

焊接铸铁法兰 DN70：2副

（3）清单工程量计算见表5-22。

清单工程量计算表　　　　　　　表 5-22

序号	项目编码	项目名称	项目特征描述	计量单位	工程量
1	030801019001	低压铸铁管	DN150 铸铁管	m	5.28
2	030801019002	低压铸铁管	DN90 铸铁管	m	1.3
3	030801019003	低压铸铁管	DN70 铸铁管	m	1.2
4	030601001001	温度仪表	温度计	个	2
5	030601002001	压力仪表	压力表	张	2
6	030807006001	低压调节阀门	放气阀	个	1
7	030807001001	低压螺纹阀门	止回阀，DN150	个	1
8	030807001002	低压螺纹阀门	截止阀，DN70	个	2
9	030807001003	低压螺纹阀门	截止阀，DN150	个	5
10	030807001004	低压螺纹阀门	截止阀，DN90	个	1
11	030807005001	低压安全阀门	安全阀，DN150	个	2
12	030810002001	低压碳钢焊接法兰	DN150	副	8
13	030810002002	低压碳钢焊接法兰	DN70	个	2
14	030810002003	低压碳钢焊接法兰	DN90	个	1

5.4　法兰安装工程清单工程量计算及实例

5.4.1　工程量清单计价规则

1. 低压法兰

低压法兰工程量清单项目设置、项目特征描述的内容、计量单位及工程量计算规则，应按表5-23的规定执行。

5.4 法兰安装工程清单工程量计算及实例

低压法兰（编码：030810） 表 5-23

项目编码	项目名称	项目特征	计量单位	工程量计算规则	工作内容
030810001	低压碳钢螺纹法兰	1. 材质 2. 结构形式 3. 型号、规格	副（片）	按设计图示数量计算	1. 安装 2. 翻边活动法兰短管制作
030810002	低压碳钢焊接法兰	1. 材质 2. 结构形式 3. 型号、规格 4. 连接形式 5. 焊接方法			
030810003	低压铜及铜合金法兰				
030810004	低压不锈钢法兰	1. 材质 2. 结构形式 3. 型号、规格 4. 连接形式 5. 焊接方法 6. 充氩保护方式、部位			1. 安装 2. 翻边活动法兰短管制作 3. 焊口充氩保护
030810005	低压合金钢法兰				
030810006	低压铝及铝合金法兰				
030810007	低压钛及钛合金法兰				
030810008	低压锆及锆合金法兰				
030810009	低压镍及镍合金法兰				
030810010	钢骨架复合塑料法兰	1. 材质 2. 规格 3. 连接形式 4. 法兰垫片材质			安装

2. 中压法兰

中压法兰工程量清单项目设置、项目特征描述的内容、计量单位及工程量计算规则，应按表 5-24 的规定执行。

中压法兰（编码：030811） 表 5-24

项目编码	项目名称	项目特征	计量单位	工程量计算规则	工作内容
030811001	中压碳钢螺纹法兰	1. 材质 2. 结构形式 3. 型号、规格	副（片）	按设计图示数量计算	1. 安装 2. 翻边活动法兰短管制作
030811002	中压碳钢焊接法兰	1. 材质 2. 结构形式 3. 型号、规格 4. 连接形式 5. 焊接方法			
030811003	中压铜及铜合金法兰				

123

续表

项目编码	项目名称	项目特征	计量单位	工程量计算规则	工作内容
030811004	中压不锈钢法兰	1. 材质 2. 结构形式 3. 型号、规格 4. 连接形式 5. 焊接方法 6. 充氩保护方式、部位	副（片）	按设计图示数量计算	1. 安装 2. 焊口充氩保护 3. 翻边活动法兰短管制作
030811005	中压合金钢法兰				
030811006	中压钛及钛合金法兰				
030811007	中压锆及锆合金法兰				
030811008	中压镍及镍合金法兰				

3. 高压法兰

高压法兰工程量清单项目设置、项目特征描述的内容、计量单位及工程量计算规则，应按表 5-25 的规定执行。

高压法兰（编码：030812） 表 5-25

项目编码	项目名称	项目特征	计量单位	工程量计算规则	工作内容
030812001	高压碳钢螺纹法兰	1. 材质 2. 结构形式 3. 型号、规格 4. 法兰垫片材质	副（片）	按设计图示数量计算	安装
030812002	高压碳钢焊接法兰	1. 材质 2. 结构形式 3. 型号、规格 4. 焊接方法 5. 充氩保护方式、部位 6. 法兰垫片材质			1. 安装 2. 焊口充氩保护
030812003	高压不锈钢焊接法兰				
030812004	高压合金钢焊接法兰				

5.4.2 清单相关问题及说明

（1）法兰焊接时，要在项目特征中描述法兰的连接形式（平焊法兰、对焊法兰、翻边活动法兰及焊环活动法兰等），不同连接形式应分别列项。

（2）配法兰的盲板不计安装工程量。

（3）焊接盲板（封头）按管件连接计算工程量。

5.4.3 工程量清单计价实例

【例 5-18】某室外给水管管网的水表安装图如图 5-17 所示，给水管采用镀锌无缝钢管 $DN100$，阀门采用公称直径 $DN100$ 的焊接阀门。计算该安装图中法兰的工程量。

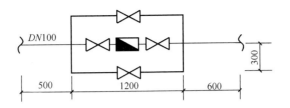

图 5-17 某室外给水管网水表安装图

【解】

低压不锈钢法兰的工程量＝4 副

5.5 其他工程清单工程量计算及实例

5.5.1 工程量清单计价规则

1. 板卷管制作

板卷管制作工程量清单项目设置、项目特征描述的内容、计量单位及工程量计算规则，应按表 5-26 的规定执行。

板卷管制作（编码：030813）　　　　　　　　　表 5-26

项目编码	项目名称	项目特征	计量单位	工程量计算规则	工作内容
030813001	碳钢板直管制作	1. 材质 2. 规格 3. 焊接方法	t	按设计图示质量计算	1. 制作 2. 卷筒式板材开卷及平直
030813002	不锈钢板直管制作	1. 材质 2. 规格 3. 焊接方法 4. 充氩保护方式			1. 制作 2. 焊口充氩保护
030813003	铝及铝合金板直管制作				

2. 管件制作

管件制作工程量清单项目设置、项目特征描述的内容、计量单位及工程量计算规则，应按表 5-27 的规定执行。

管件制作（编号：030814）　　　　　　　　　表 5-27

项目编码	项目名称	项目特征	计量单位	工程量计算规则	工作内容
030814001	碳钢板管件制作	1. 材质 2. 规格 3. 焊接方法	t	按设计图示质量计算	1. 制作 2. 卷筒式板材开卷及平直
030814002	不锈钢板管件制作	1. 材质 2. 规格 3. 焊接方法 4. 充氩保护方式、部位			1. 制作 2. 焊口充氩保护
030814003	铝及铝合金板管件制作	1. 材质 2. 规格 3. 焊接方法			制作

项目编码	项目名称	项目特征	计量单位	工程量计算规则	工作内容
030814004	碳钢管虾体弯制作	1. 材质 2. 规格 3. 焊接方法	个	按设计图示数量计算	制作
030814005	中压螺旋卷管虾体弯制作				
030814006	不锈钢管虾体弯制作	1. 材质 2. 规格 3. 焊接方法 4. 充氩保护方式、部位			1. 制作 2. 焊口充氩保护
030814007	铝及铝合金管虾体弯制作	1. 材质 2. 规格 3. 焊接方法			制作
030814008	铜及铜合金管虾体弯制作				
030814009	管道机械煨弯	1. 压力 2. 材质 3. 型号、规格			煨弯
030814010	管道中频煨弯				
030814011	塑料管煨弯	1. 材质 2. 型号、规格			

3. 管架制作安装

管架制作安装工程量清单项目设置、项目特征描述的内容、计量单位及工程量计算规则，应按表 5-28 的规定执行。

管架制作安装（编码：030615） 表 5-28

项目编码	项目名称	项目特征	计量单位	工程量计算规则	工作内容
030815001	管架制作安装	1. 单件支架质量 2. 材质 3. 管架形式 4. 支架衬垫材质 5. 减振器形式及做法	kg	按设计图示质量计算	1. 制作、安装 2. 弹簧管架物理性试验

4. 无损探伤与热处理

无损探伤与热处理工程量清单项目设置、项目特征描述的内容、计量单位及工程量计算规则，应按表 5-29 的规定执行。

无损探伤与热处理（编码：030816） 表 5-29

项目编码	项目名称	项目特征	计量单位	工程量计算规则	工作内容
030816001	管材表面超声波探伤	1. 名称 2. 规格	1. m 2. m²	1. 以米计量，按管材无损探伤长度计算 2. 以平方米计量，按管材表面探伤检测面积计算	探伤
030816002	管材表面磁粉探伤				
030816003	焊缝 X 射线探伤	1. 名称 2. 底片规格 3. 管壁厚度	张（口）	按规范或设计技术要求计算	
030816004	焊缝 γ 射线探伤				
030816005	焊缝超声波探伤	1. 名称 2. 管道规格 3. 对比试块设计要求	口		1. 探伤 2. 对比试块的制作
030816006	焊缝磁粉探伤	1. 名称 2. 管道规格			探伤
030816007	焊缝渗透探伤				
030816008	焊前预热、后热处理	1. 材质 2. 规格及管壁厚 3. 压力等级 4. 热处理方法 5. 硬度测定设计要求			1. 热处理 2. 硬度测定
030816009	焊口热处理				

5. 其他项目制作安装

其他项目制作安装工程量清单项目设置、项目特征描述的内容、计量单位及工程量计算规则，应按表 5-30 的规定执行。

其他项目制作安装（编码：030817） 表 5-30

项目编码	项目名称	项目特征	计量单位	工程量计算规则	工作内容
030817001	冷排管制作安装	1. 排管形式 2. 组合长度	m	按设计图示以长度计算	1. 制作、安装 2. 钢带退火 3. 加氨 4. 冲、套翅片

项目编码	项目名称	项目特征	计量单位	工程量计算规则	工作内容
030817002	分、集汽（水）缸制作安装	1. 质量 2. 材质、规格 3. 安装方式	台	按设计图示数量计算	1. 制作 2. 安装
030817003	空气分气筒制作安装	1. 材质 2. 规格	组		安装
030817004	空气调节喷雾管安装				
030817005	钢制排水漏斗制作安装	1. 形式、材质 2. 口径规格	个		1. 制作 2. 安装
030817006	水位计安装	1. 规格 2. 型号	组		安装
030817007	手摇泵安装		个		1. 安装 2. 调试
030817008	套管制作安装	1. 类型 2. 材质 3. 规格 4. 填料材质	台		1. 制作 2. 安装 3. 除锈、刷油

5.5.2 清单相关问题及说明

1. 管件制作

管件包括弯头、三通、异径管；异径管按大头口径计算，三通按主管口径计算。

2. 管架制作安装

（1）单件支架质量有 100kg 以下和 100kg 以上时，应分别列项。

（2）支架衬垫需注明采用何种衬垫，如防腐木垫、不锈钢衬垫、铝衬垫等。

（3）采用弹簧减振器时需注明是否做相应试验。

3. 无损探伤与热处理

探伤项目包括固定探伤仪支架的制作、安装。

4. 其他项目制作安装

（1）冷排管制作安装项目中包括钢带退火，加氨，冲、套翅片，按设计要求计算。

（2）钢制排水漏斗制作安装，其口径规格按下口公称直径描述。

（3）套管制作安装，适用于穿基础、墙、楼板等部位的防水套管、一般钢套管及防火套管等，应分别列项。

5.5.3 工程量清单计价实例

【例 5-19】某空压机安装平面图和安装剖面图分别如图 5-18 和图 5-19 所示，计算该安装工程管道中频煨弯的工程量。

已知：

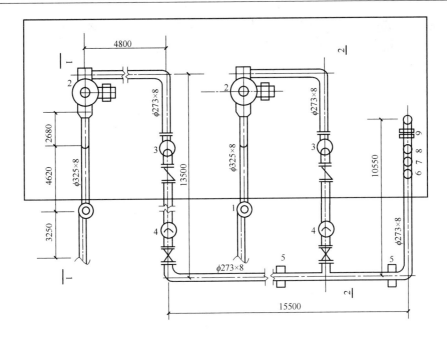

图 5-18 空压机安装平面图

1—油浴式过滤器；2—空压机；3—后冷却器；4—储气罐；5—管道支架；6—温度变送器；
7—压力变送器；8—流量变送器；9—节流装置

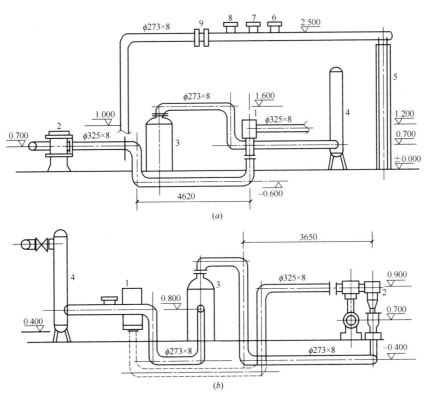

图 5-19 空压机安装剖面图

（a）1—1 剖面图；（b）2—2 剖面图

（1）管道为碳钢无缝钢管，管道压力 3.2MPa，管道连接采用氩电联焊。

（2）阀门采用平焊法兰连接，所有三通均为现场挖眼制作，弯头采用低中压碳钢管中频煨弯，变径管现场摔制。

（3）管道安装前要除锈，完成后要进行空气吹扫、低中压管道气压试验、低中压管道泄漏性试验。

（4）管道系统要进行刷油防腐处理，空压机之后管道要用 $\delta=80$mm 厚的岩棉保温，外加麻布面、石棉布面刷调合漆两遍。

（5）埋地管段进行刚性防水套管制作安装。

（6）管道系统焊口要进行 X 光射线无损伤探测，胶片规格为 300mm×80mm，设计要求 100% 探测。

（7）管道支架两个，每个 25kg。

【解】

DN250 管道中频煨弯的工程量＝21 个

DN300 管道中频煨弯的工程量＝6 个

【例 5-20】某化工厂部分热交换站装置管道系统图如图 5-20 所示，其中管道系统工作压力为 2.0MPa，计算此换热装置管道系统焊缝超声波探伤工程量。

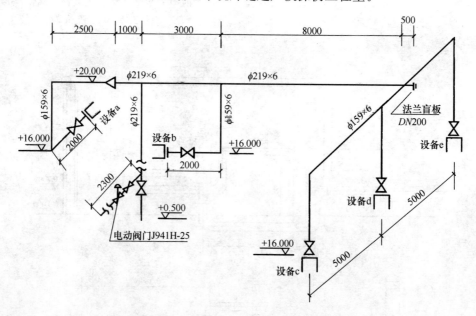

图 5-20 某化工厂部分热交换站装置管道系统图（单位：mm）

已知：

（1）管道采用 20 根无缝钢管，管件弯头采用成品冲压弯头，三通、四通现场挖眼连接，异径管现场摔制。

（2）所有法兰为碳钢对焊法兰；阀门除图中说明外，均为 J41H-25，采用对焊法兰连接；系统连接全部采用电弧焊。

（3）管道支架为普通支架，其中 219×6 管支架共 12 处，每处 25kg，159×6 管支架共 10 处，每处 20kg；支架手工除锈后刷防锈漆、调合漆两遍。

（4）管道安装完毕作水压试验，对管道焊口按 50％的比例作超声波探伤，其焊口总数为 219×6 管道焊口 18 口，159×6 管道焊口 22 口。

（5）管道安装就位后，除对管道外壁除锈后刷漆两遍外，还应采用岩棉管壳（厚度 60mm）作绝热层，外包铝箔保护层。

【解】

（1）ϕ219×6 管焊缝超声波探伤的工程量＝18×50％＝9 口

（2）ϕ159×6 管焊缝超声波探伤的工程量＝22×50％＝11 口

【例 5-21】如图 5-21 所示某供气管网管道采用螺纹连接，接头为活接头，管道全长 130m，设计采用对 15％的管道进行管材选择时表面超声波探伤，试求其清单工程量。

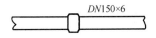

图 5-21　某供气管网管道

【解】

钢管长度 130×15％＝19.5m

清单工程量计算见表 5-31。

清单工程量计算表　　　表 5-31

项目编号	项目名称	项目特征描述	计量单位	工程量
030816001001	管材表面超声波探伤	碳钢管 ϕ150×6	m	19.5

6 消防工程清单工程量计算及实例

6.1 水灭火系统清单工程量计算及实例

6.1.1 工程量清单计价规则

水灭火系统工程量清单项目设置、项目特征描述的内容、计量单位及工程量计算规则，应按表 6-1 的规定执行。

水灭火系统（编码：030901） 表 6-1

项目编码	项目名称	项目特征	计量单位	工程量计算规则	工作内容
030901001	水喷淋钢管	1. 安装部位 2. 材质、规格 3. 连接形式 4. 钢管镀锌设计要求 5. 压力试验及冲洗设计要求 6. 管道标识设计要求	m	按设计图示管道中心线以长度计算	1. 管道及管件安装 2. 钢管镀锌 3. 压力试验 4. 冲洗 5. 管道标识
030901002	消火栓钢管				
030901003	水喷淋（雾）喷头	1. 安装部位 2. 材质、型号、规格 3. 连接形式 4. 装饰盘设计要求	个		1. 安装 2. 装饰盘安装 3. 严密性试验
030901004	报警装置	1. 名称 2. 型号、规格	组	按设计图示数量计算	1. 安装 2. 电气接线 3. 调试
030901005	温感式水幕装置	1. 型号、规格 2. 连接形式			
030901006	水流指示器	1. 规格、型号 2. 连接形式	个		
030901007	减压孔板	1. 材质、规格 2. 连接形式			
030901008	末端试水装置	1. 规格 2. 组装形式	组		
030901009	集热板制作安装	1. 材质 2. 支架形式	个		1. 制作、安装 2. 支架制作、安装

132

续表

项目编码	项目名称	项目特征	计量单位	工程量计算规则	工作内容
030901010	室内消火栓	1. 安装方式 2. 型号、规格 3. 附件材质、规格	套	按设计图示数量计算	1. 箱体及消火栓安装 2. 配件安装
030901011	室外消火栓				1. 安装 2. 配件安装
030901012	消防水泵接合器	1. 安装部位 2. 型号、规格 3. 附件材质、规格	套		1. 安装 2. 附件安装
030901013	灭火器	1. 形式 2. 规格、型号	具（组）		设置
030901014	消防水炮	1. 水炮类型 2. 压力等级 3. 保护半径	台		1. 本体安装 2. 调试

6.1.2 清单相关问题及说明

（1）水灭火管道工程量计算，不扣除阀门、管件及各种组件所占长度以延长米计算。

（2）水喷淋（雾）喷头安装部位应区分有吊顶、无吊顶。

（3）报警装置适用于湿式报警装置、干湿两用报警装置、电动雨淋报警装置、预作用报警装置等报警装置安装。报警装置安装包括装配管（除水力警铃进水管）的安装，水力警铃进水管并入消防管道工程量。其中：

1）湿式报警装置包括内容：湿式阀、蝶阀、装配管、供水压力表、装置压力表、试验阀、泄放试验阀、泄放试验管、试验管流量计、过滤器、延时器、水力警铃、报警截止阀、漏斗、压力开关等。

2）干湿两用报警装置包括内容：两用阀、蝶阀、装配管、加速器、加速器压力表、供水压力表、试验阀、泄放试验阀（湿式、干式）、挠性接头、泄放试验管、试验管流量计、排气阀、截止阀、漏斗、过滤器、延时器、水力警铃、压力开关等。

3）电动雨淋报警装置包括内容：雨淋阀、蝶阀、装配管、压力表、泄放试验阀、流量表、截止阀、注水阀、止回阀、电磁阀、排水阀、手动应急球阀、报警试验阀、漏斗、压力开关、过滤器、水力警铃等。

4）预作用报警装置包括内容：报警阀、控制蝶阀、压力表、流量表、截止阀、排放阀、注水阀、止回阀、泄放阀、报警试验阀、液压切断阀、装配管、供水检验管、气压开关、试压电磁阀、空压机、应急手动试压器、漏斗、过滤器、水力警铃等。

（4）温感式水幕装置，包括给水三通至喷头、阀门间的管道、管件、阀门、喷头等全部内容的安装。

（5）末端试水装置，包括压力表、控制阀等附件安装。末端试水装置安装中不含连接管及排水管安装，其工程量并入消防管道。

（6）室内消火栓，包括消火栓箱、消火栓、水枪、水龙头、水龙带接扣、自救卷盘、挂架、消防按钮；落地消火栓箱包括箱内手提灭火器。

（7）室外消火栓，安装方式分地上式、地下式；地上式消火栓安装包括地上式消火栓、法兰接管、弯管底座；地下式消火栓安装包括地下式消火栓、法兰接管、弯管底座或消火栓三通。

（8）消防水泵接合器，包括法兰接管及弯头安装，接合器井内阀门、弯管底座、标牌等附件安装。

（9）减压孔板若在法兰盘内安装，其法兰计入组价中。

（10）消防水炮：分普通手动水炮、智能控制水炮。

6.1.3 工程量清单计价实例

【例6-1】如图6-1所示为某教学楼消防系统图，竖直管段及水平引入管均采用DN100规格的镀锌钢管，一层水平管段采用DN80镀锌钢管，其连接采用螺纹连接。请计算其清单工程量。

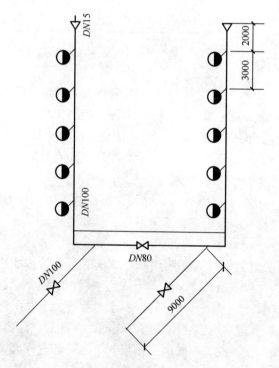

图6-1 某教学楼消防系统示意图

【解】

（1）DN100水喷淋镀锌钢管

室内部分：$3\times5\times2m=30m$（3为层高，5为楼层数，2为两个竖管系统）

室外部分：$9\times2m=18m$（水平引入管的长度）

（2）DN80 水喷淋镀锌钢管 12m

清单工程量计算见表 6-2。

清单工程量计算表

表 6-2

项目编号	项目名称	项目特征描述	计量单位	工程量
030901001001	水喷淋钢管	室内安装，DN100，螺纹连接，镀锌钢管	m	30
030901001001	水喷淋钢管	室外安装，DN100，螺纹连接，镀锌钢管	m	18
030901001001	水喷淋钢管	室内安装，DN80，螺纹连接，镀锌钢管	m	12

【例 6-2】 图 6-2 为一浅型地上式消火栓，其型号为 SS150 型，其口径为 155mm，消火栓钢管一端连消防主管，一端与水龙带连接。这两者之间的长度即为消火栓钢管的长度。其直径不应小于所配水龙带的直径，流量小于 3L/s 时，用 50mm 直径的消火栓；流量大于 3L/s，用 65mm 的双出口消火栓。为便于维护管理，同一建筑场内应采用同一规格的水枪、水龙带和消火栓。试计算消火栓钢管的清单工程量。

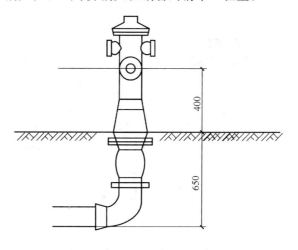

图 6-2 消火栓示意图

【解】

消火栓钢管的长度为 0.4＋0.65＝1.05m（地上部分和地下部分）

清单工程量计算表见表 6-3。

清单工程量计算表

表 6-3

项目编号	项目名称	项目特征描述	计量单位	工程量
030901002001	消火栓钢管	一端连消防主管，一端连水龙带	m	1.05

【例 6-3】 某建筑物消火栓灭火系统，安装 DN150 火镀管 250m，DN100 火镀管 30m，DN150 穿墙套管 15 个，管道刷银粉漆两遍，试计算其清单工程量。

【解】

（1）DN150

管道安装＝250m

（2）DN100

管道安装＝30m

清单工程量计算表见表6-4。

清单工程量计算表 　　　　表6-4

序号	项目编号	项目名称	项目特征描述	计量单位	工程量
1	030901002001	消火栓钢管	DN150	m	250
2	030901002002	消火栓钢管	DN100	m	30

【例6-4】某宾馆湿式自动喷水灭火系统示意图如图6-3所示,喷头流量特性系数为80,喷头处压力为0.1MPa,计算水喷头工程量。

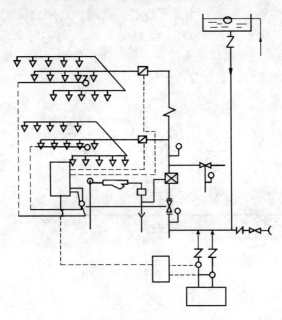

图6-3　湿式自动喷水灭火系统示意

【解】

水喷头的工程量＝30个

【例6-5】某室内消火栓灭火系统,共设DN80单出口消火栓6套(800×760×284型铝合金单开门栓箱,麻质水带长20m)、DN80的双出口消火栓3套(1200×750×280型铝合金单开门栓箱,麻质水带长20m)、带消防软管卷盘的DN80单栓1套(1200×750×280型铝合金单开门栓箱,麻质水带长20m、卷盘胶管20m、喷嘴口径9mm)。试计算其清单工程量。

【解】

清单工程量计算表见表6-5。

清单工程量计算表　　　　表6-5

项目编号	项目名称	项目特征描述	计量单位	工程量
030901010001	室内消火栓	室内消火栓安装DN80单栓800×760×284型铝合金单开门栓箱,麻质水带长20m	套	6

项目编号	项目名称	项目特征描述	计量单位	工程量
030901010002	室内消火栓	室内消火栓安装 DN80 双栓 1200×750×280 型铝合金单开门栓箱，麻质水带长 20m	套	3
030901010003	室内消火栓	室内消火栓安装 DN80 单栓带软管卷盘 1200×750×280 型铝合金单开门栓箱，麻质水带长 20m、盘胶管 20m、喷嘴口径 9mm	套	1

【例6-6】某三层办公楼消防供水系统图如图 6-4 所示，消火栓的栓口直径为 65mm，配备的水带长度为 20m，水枪喷嘴口径为 16mm，如图 6-5 所示，计算消火栓的工程量。

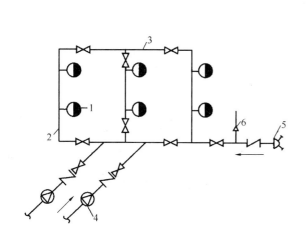

图 6-4　消防供水系统示意
1—室内消火栓；2—消防立管；3—干管；
4—消防水泵；5—水泵接合器；6—安全阀

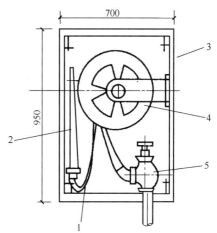

图 6-5　室内消火栓
1—水龙带；2—水枪；3—消火栓箱体；
4—消火栓水龙带架；5—消火栓

【解】

消火栓的工程量＝6 套

【例6-7】某湿式喷水灭火系统示意图，如图 6-6 所示，其中的湿式报警装置包括湿式阀、供水压力表、水力警铃、延时器、报警止阀、压力开关等。这些构件组成了一组报警装置，与湿式报警装置相对应，还有干湿两用报警装置、电动雨淋报警装置、预作用报警装置等，湿式报警装置的公称直径有 65mm、80mm、100mm、160mm、200mm 等。此湿式报警装置采用公称直径为 200mm。试计算湿式报警装置清单工程量。

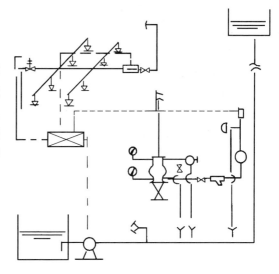

图 6-6　湿式喷水灭火系统局部图

【解】

湿式报警装置安装工程量＝1组

清单工程量计算表见表 6-6。

清单工程量计算表　　　　　　　　　　　　　　　　　　　　表 6-6

项目编号	项目名称	项目特征描述	计量单位	工程量
030901004001	报警装置	公称直径为 200mm	组	1

【例 6-8】 某水幕系统如图 6-7 所示，试计算清单工程量。

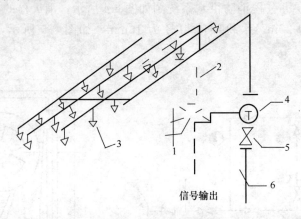

图 6-7　水幕系统示意图

1—报警控制箱；2—水灾探测器；3—水幕喷头；4—控制阀；5—总闸阀；6—进水管

【解】

温感式水幕装置工程量＝1组（图示所有包含部件共为 1 组）

清单工程量计算表见表 6-7。

清单工程量计算表　　　　　　　　　　　　　　　　　　　　表 6-7

项目编号	项目名称	项目特征描述	计量单位	工程量
030901005001	温感式水幕装置	按实际要求	组	1

【例 6-9】 如图 6-8 所示为某建筑物室内消防系统安装工程的底层消防平面图，消防给水由室外消防水池及消防水泵供水，消防管道布置成环状。建筑物每层设有 3 套消火栓装置（采用 DN65），试计算其工程量。

【解】

(1) 管道铺设

1) 消防管（DN100）

$$36.0+12.8+3.4+1.5=53.7m$$

2) 消防管（DN80）

$$3\times3=9m$$

(2) 消防器具

1) 消火栓：3 套

2) 水泵结合器 DN100：1 套

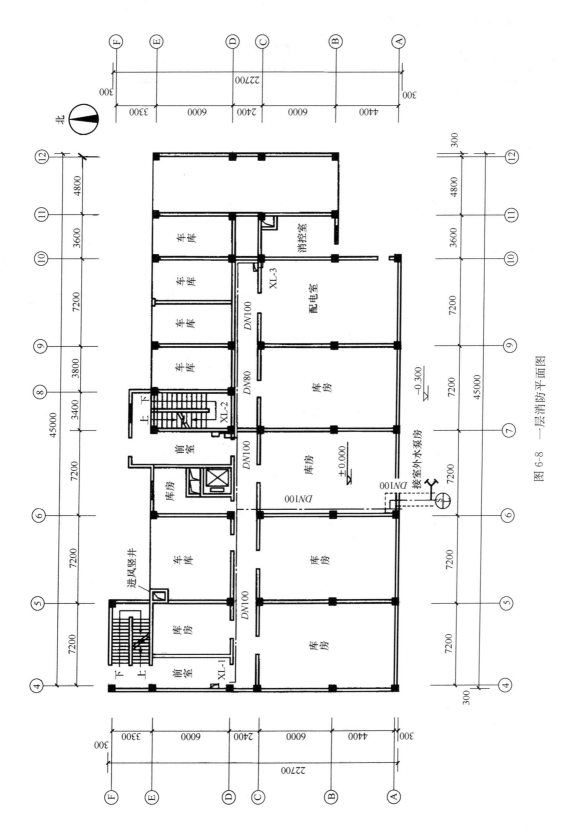

图6-8　一层消防平面图

单工程量计算表见表 6-8。

清单工程量计算表

表 6-8

项目编号	项目名称	项目特征描述	计量单位	工程量
030901002001	消火栓钢管	DN100	m	53.7
030901002002	消火栓钢管	DN80	m	9.0
030901010001	消火栓	DN65	套	3
030901012001	消火水泵接合器	DN100	套	1

6.2 气体灭火系统清单工程量计算及实例

6.2.1 工程量清单计价规则

气体灭火系统工程量清单项目设置、项目特征描述的内容、计量单位及工程量计算规则，应按表 6-9 的规定执行。

气体灭火系统（编码：030902）

表 6-9

项目编码	项目名称	项目特征	计量单位	工程量计算规则	工作内容
030902001	无缝钢管	1. 介质 2. 材质、压力等级 3. 规格 4. 焊接方法 5. 钢管镀锌设计要求 6. 压力试验及吹扫设计要求 7. 管道标识设计要求	m	按设计图示管道中心线以长度计算	1. 管道安装 2. 管件安装 3. 钢管镀锌 4. 压力试验 5. 吹扫 6. 管道标识
030902002	不锈钢管	1. 材质、压力等级 2. 规格 3. 焊接方法 4. 充氩保护方式、部位 5. 压力试验及吹扫设计要求 6. 管道标识设计要求			1. 管道安装 2. 焊口充氩保护 3. 压力试验 4. 吹扫 5. 管道标识
030902003	不锈钢管管件	1. 材质、压力等级 2. 规格 3. 焊接方法 4. 充氩保护方式、部位	个	按设计图示数量计算	1. 管件安装 2. 管件焊口充氩保护
030902004	气体驱动装置管道	1. 材质、压力等级 2. 规格 3. 焊接方法 4. 压力试验及吹扫设计要求 5. 管道标识设计要求	m	按设计图示管道中心线以长度计算	1. 管道安装 2. 压力试验 3. 吹扫 4. 管道标识

续表

项目编码	项目名称	项目特征	计量单位	工程量计算规则	工作内容
030902005	选择阀	1. 材质 2. 型号、规格 3. 连接形式	个	按设计图示数量计算	1. 安装 2. 压力试验
030902006	气体喷头				喷头安装
030902007	贮存装置	1. 介质、类型 2. 型号、规格 3. 气体增压设计要求	套		1. 贮存装置安装 2. 系统组件安装 3. 气体增压
030902008	称重检漏装置	1. 型号 2. 规格			1. 安装 2. 调试
030902009	无管网气体灭火装置	1. 类型 2. 型号、规格 3. 安装部位 4. 调试要求			

6.2.2　清单相关问题及说明

（1）气体灭火管道工程量计算，不扣除阀门、管件及各种组件所占长度以延长米计算。

（2）气体灭火介质，包括七氟丙烷灭火系统、IG541 灭火系统、二氧化碳灭火系统等。

（3）气体驱动装置管道安装，包括卡、套连接件。

（4）贮存装置安装，包括灭火剂存储器、驱动气瓶、支框架、集流阀、容器阀、单向阀、高压软管和安全阀等贮存装置和阀驱动装置、减压装置、压力指示仪等。

（5）无管网气体灭火系统由柜式预制灭火装置、火灾探测器、火灾自动报警灭火控制器等组成，具有自动控制和手动控制两种启动方式。无管网气体灭火装置安装，包括气瓶柜装置（内设气瓶、电磁阀、喷头）和自动报警控制装置（包括控制器，烟、温感，声光报警器，手动报警器，手/自动控制按钮）等。

6.2.3　工程量清单计价实例

【例 6-10】某综合大楼地下室配电房 CO_2 灭火系统平面图如图 6-9 所示，已知：高压房中末端干管长度为 4.5m，计算消防安装工程中无缝钢管的工程量。

【解】

（1）DN25 无缝钢管的工程量＝3×7＝21m

（2）DN32 无缝钢管的工程量＝0.8×3＋2×2＋4.5＝10.9m

说明：4.5m 为高压房中末端干管长度。

（3）DN50 无缝钢管工程量计算

5＋6－0.7＋0.8＋3.6＋3.6＋1.5＋2＋1＋1.5＋0.7＋2.4＝27.4m

5＋6－0.7＋0.8＋3.6＋3.6＋1.5＋0.7＋2.4＝22.9m

5＋6－0.7－3＋0.8＋3.6＝11.7m

合计：27.4＋22.9＋11.7＝62m

$$1.5 \times 2 = 3m\text{(气瓶室内)}$$

$DN50$ 无缝钢管的工程量 $= 62 + 3.0 = 65m$

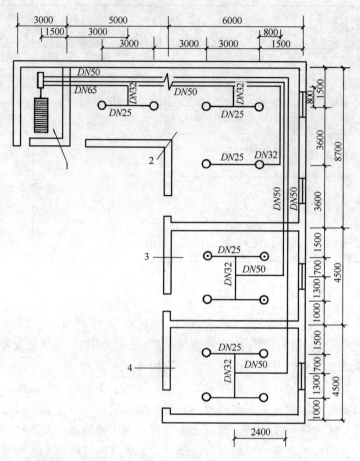

图 6-9 某综合大楼地下室配电房 CO_2 灭火系统平面示意图

1—气瓶室；2—高压房；3—变压房；4—低压房

（4）$DN65$ 无缝钢管的工程量 $= 3$（气瓶室外）$+ 1.5$（气瓶室内）$= 4.5m$

【例 6-11】某市电信局办公楼气体灭火中采用自动控制、手动控制和机械应急操作三种启动方式。当采用火灾探测器时，灭火系统的自动控制开关应在接收到两个独立的火灾信号后才能启动。根据人员疏散要求，灭火系统采用延迟启动形式，延迟时间小于 30s。其管材采用内外镀锌处理的无缝钢管，系统启动管道采用铜管，总长度为 50m，公称直径小于或等于 80mm 的管道采用螺纹连接。二氧化碳储存钢瓶的工作压力为 15MPa，容器阀上应设置泄压装置，其泄压动作压力为 (19 ± 0.95)MPa，集流管上设置泄压安全阀，泄压动作压力为 (15 ± 0.75)MPa。试计算气体驱动装置管道的工程量。

【解】

气体驱动装置管道的工程量 $= 50m$

【例 6-12】某二氧化碳气体灭火系统设置螺纹连接不锈钢管 $DN25$、$DN32$ 的选择阀各 3 个，安装前对其进行水压强度及气压严密性试验，计算选择阀的工程量。

【解】

（1）DN25 选择阀的工程量＝2 个

（2）DN32 选择阀的工程量＝2 个

【例 6-13】如图 6-10 所示气体喷头，公称直径为 25mm。气体喷头是气体灭火系统中用于控制灭火剂流速和均匀分布灭火剂的重要部件，是灭火剂的释放口。工程中常用三种类型：液流型、雾化型和开花型。设计时根据生产厂家提供的数据选用和布置喷头。试计算其清单工程量。

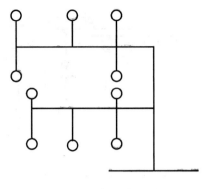

图 6-10 气体喷头示意图

【解】

气体喷头安装工程量＝10 个

清单工程量计算表见表表 6-10。

清单工程量计算表 表 6-10

项目编号	项目名称	项目特征描述	计量单位	工程量
030902006001	气体喷头	公称直径为 25mm	个	10

【例 6-14】某车间气体灭火系统示意图如图 6-11 所示，计算该系统中气体喷头的工程量。

【解】

气体喷头的工程量＝10 个

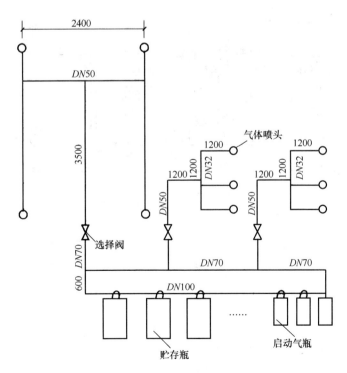

图 6-11 某车间气体灭火系统示意图

143

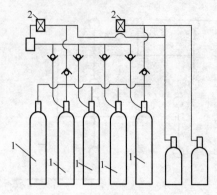

图 6-12 选择阀示意图

1—贮存装置；2—选择阀

【例 6-15】如图 6-12 所示，在每个防火区域保护对象的管道上设置一个选择阀，每个选择阀上均应设置标明防护区名称或编号的永久性标志牌，并将其固定在操作手柄附近，以免引起误操作而导致灭火失败。本例中选择阀采用公称直径 65mm，螺纹连接的选择阀。本图采用 160L 贮存装置。为了检查贮存瓶气体泄漏情况，在每个贮瓶上都设置有二氧化碳称重检漏装置。试计算工程量并套用定额（不含主材费）。

【解】

清单工程量计算表见表 6-11。

清单工程量计算表　　　　　　　　　　　　　　　　表 6-11

序号	项目编号	项目名称	项目特征描述	计量单位	工程量
1	030902005001	选择阀	公称直径为 65mm	个	2
2	030902007001	贮存装置	容量为 160L	个	5
3	030902008001	称重检漏装置	二氧化碳称重检漏装置	个	5

【例 6-16】如图 6-13～图 6-15 所示，本设计分三个防护区，采用组合分配式高压二氧

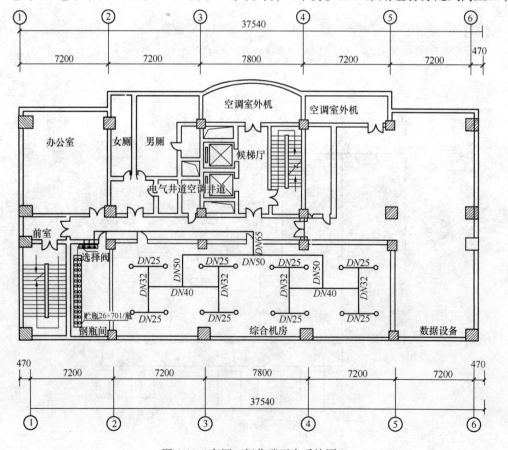

图 6-13　高压二氧化碳灭火系统图

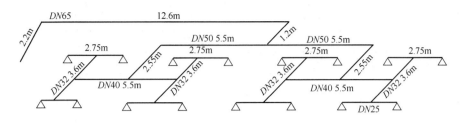

图 6-14 高压二氧化碳灭火系统图

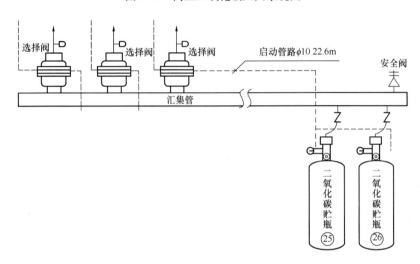

图 6-15 钢瓶间示意图

化碳全淹没灭火系统，二氧化碳设计浓度为 62%，物质系数采用 2.25，二氧化碳剩余量按设计用量的 8% 计算。计算工程量（仅指一防护区）。

【解】

（1）无缝钢管（法兰连接）DN65 的工程量 $=2.2+12.6+1.2=16$

（2）无缝钢管（螺纹连接）DN50 的工程量 $=5.5\times2+2.55\times2=18.65m$

（3）无缝钢管（螺纹连接）DN40 的工程量 $=5.5\times2=11m$

（4）无缝钢管（螺纹连接）DN32 的工程量 $=3.6\times4=14.4m$

（5）无缝钢管（螺纹连接）DN25 的工程量 $=2.75\times8=22m$

（6）喷头安装 DN20 的工程量 $=16$ 个

（7）气动管道 $\phi10=22.6m$

（8）选择阀 DN65$=1$ 个

（9）贮存装置 40L$=1$ 套

（10）二氧化碳称重检漏装置安装工程量 $=2$ 套

（11）气体灭火系统调试的工程量 $=1$ 个

清单工程量计算表见表 6-12。

清单工程量计算表 表 6-12

序号	项目编号	项目名称	项目特征描述	计量单位	工程量
1	030902001001	无缝钢管	法兰连接 DN65	m	16

序号	项目编号	项目名称	项目特征描述	计量单位	工程量
2	030902001002	无缝钢管	螺纹连接 DN50	m	18.65
3	030902001003	无缝钢管	螺纹连接 DN40	m	11
4	030902001004	无缝钢管	螺纹连接 DN32	m	14.4
5	030902001005	无缝钢管	螺纹连接 DN25	m	22
6	030902006001	气体喷头	DN20	个	16
7	030902004001	气体驱动装置管道	$\phi 10$	m	22.6
8	030902005001	选择阀	DN65	个	1
9	030902007001	贮存装置	40L	套	1
10	030902008001	二氧化碳称重检漏装置	二氧化碳称重检漏装置安装	套	2
11	030905004001	气体灭火系统装置调试	组合分配式高压二氧化碳全淹没灭火系统	个	1

6.3 泡沫灭火系统清单工程量计算及实例

6.3.1 工程量清单计价规则

泡沫灭火系统工程量清单项目设置、项目特征描述的内容、计量单位及工程量计算规则，应按表 6-13 的规定执行。

泡沫灭火系统（编码：030903）　　　　　　　　　　　表 6-13

项目编码	项目名称	项目特征	计量单位	工程量计算规则	工作内容
030903001	碳钢管	1. 材质、压力等级 2. 规格 3. 焊接方法 4. 无缝钢管镀锌设计要求 5. 压力试验、吹扫设计要求 6. 管道标识设计要求			1. 管道安装 2. 管件安装 3. 无缝钢管镀锌 4. 压力试验 5. 吹扫 6. 管道标识
030903002	不锈钢管	1. 材质、压力等级 2. 规格 3. 焊接方法 4. 充氩保护方式、部位 5. 压力试验、吹扫设计要求 6. 管道标识设计要求	m	按设计图示管道中心线以长度计算	1. 管道安装 2. 焊口充氩保护 3. 压力试验 4. 吹扫 5. 管道标识
030903003	铜管	1. 材质、压力等级 2. 规格 3. 焊接方法 4. 压力试验、吹扫设计要求 5. 管道标识设计要求			1. 管道安装 2. 压力试验 3. 吹扫 4. 管道标识

续表

项目编码	项目名称	项目特征	计量单位	工程量计算规则	工作内容
030903004	不锈钢管管件	1. 材质、压力等级 2. 规格 3. 焊接方法 4. 充氩保护方式、部位	个	按设计图示数量计算	1. 管件安装 2. 管件焊口充氩保护
030903005	铜管管件	1. 材质、压力等级 2. 规格 3. 焊接方法			管件安装
030903006	泡沫发生器	1. 类型 2. 型号、规格 3. 二次灌浆材料	台		1. 安装 2. 调试 3. 二次灌浆
030903007	泡沫比例混合器				
030903008	泡沫液贮罐	1. 质量/容量 2. 型号、规格 3. 二次灌浆材料			

6.3.2 清单相关问题及说明

（1）泡沫灭火管道工程量计算，不扣除阀门、管件及各种组件所占长度以延长米计算。

（2）泡沫发生器、泡沫比例混合器安装，包括整体安装、焊法兰、单体调试及配合管道试压时隔离本体所消耗的工料。

（3）泡沫液贮罐内如需充装泡沫液，应明确描述泡沫灭火剂品种、规格。

6.3.3 工程量清单计价实例

【例6-17】某工厂泡沫灭火系统示意图如图6-16所示，所有管道均采用碳钢管连接。计算该泡沫灭火系统碳钢管的工程量。

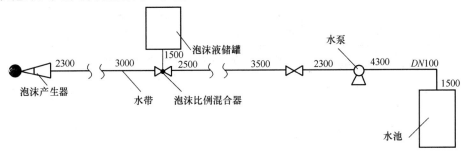

图6-16 泡沫灭火系统示意图

【解】

碳钢管的工程量＝2.3＋3＋1.5＋2.5＋3.5＋2.3＋4.3＋1.5＝20.9m

【例6-18】试计算如图6-17所示的项目清单工程量。

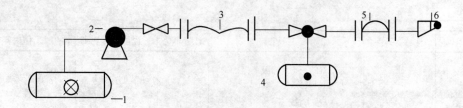

图 6-17 泡沫灭火系统示意图

1—水罐；2—水泵；3—水带；4—泡沫液贮罐；

5—比例混合气；6—泡沫发生器

【解】

清单工程量计算表见表 6-14。

清单工程量计算表 表 6-14

项目编号	项目名称	项目特征描述	计量单位	工程量
030903006001	泡沫发生器	电动机式	台	1
030903007001	泡沫比例混合器	管线式负压比例混合器	台	1
030903008001	泡沫液贮罐	按实际要求	台	1

【例 6-19】 某泡沫灭火系统，采用 PH32 环泵式负压比例混合器 1 台，角钢支架安装固定。支架重 0.2t，手工除轻锈，刷红丹防锈漆两遍。$DN100$ 的低压电弧焊碳钢管 208m，其中管件 8 个，管道钢支架 0.15t，该钢管需手工除轻锈，刷红丹防锈漆两遍、红色油漆两遍，管道采用液压试验，水冲洗。试计算清单工程量。

【解】

清单工程量计算表见表 6-15。

清单工程量计算表 表 6-15

序号	项目编号	项目名称	项目特征描述	计量单位	工程量
1	030903001001	碳钢管	碳钢管安装 $DN100$，电弧焊，除轻锈，刷红丹防锈漆两遍，红色油漆两遍；管路系统采用液压试验，水冲洗	m	208
2	030903007001	泡沫比例混合器	泡沫比例混合器安装，PHF4 型管线式，角钢支架，除轻锈，刷红丹防锈漆两遍	台	1

6.4 火灾自动报警系统清单工程量计算及实例

6.4.1 工程量清单计价规则

火灾自动报警系统工程量清单项目设置、项目特征描述的内容、计量单位及工程量计算规则，应按表 6-16 的规定执行。

火灾自动报警系统（编码：030904）　　　　　　　　　　　　　　　表 6-16

项目编码	项目名称	项目特征	计量单位	工程量计算规则	工作内容
030904001	点型探测器	1. 名称 2. 规格 3. 线制 4. 类型	个	按设计图示数量计算	1. 底座安装 2. 探头安装 3. 校接线 4. 编码 5. 探测器调试
030904002	线型探测器	1. 名称 2. 规格 3. 安装方式	m	按设计图示数量计算	1. 探测器安装 2. 接口模块安装 3. 报警终端安装 4. 校接线
030904003	按钮	1. 名称 2. 规格	个		1. 安装 2. 校接线 3. 编码 4. 调试
030904004	消防警铃				
030904005	声光报警器				
030904006	消防报警电话插孔（电话）	1. 名称 2. 规格 3. 安装方式	个（部）		
030904007	消防广播（扬声器）	1. 名称 2. 功率 3. 安装方式	个		
030904008	模块（模块箱）	1. 名称 2. 规格 3. 类型 4. 输出形式	个（台）		
030904009	区域报警控制箱	1. 多线制 2. 总线制 3. 安装方式 4. 控制点数量 5. 显示器类型	台	按设计图示数量计算	1. 本体安装 2. 校接线、摇测绝缘电阻 3. 排线、绑扎、导线标识 4. 显示器安装 5. 调试
0309040010	联动控制箱				
0309040011	远程控制箱（柜）	1. 规格 2. 控制回路			
0309040012	火灾报警系统控制主机	1. 规格、线制 2. 控制回路 3. 安装方式			1. 安装 2. 校接线 3. 调试
0309040013	联动控制主机				
0309040014	消防广播及对讲电话主机（柜）				
0309040015	火灾报警控制微机（CRT）	1. 规格 2. 安装方式			1. 安装 2. 调试
0309040016	备用电源及电池主机（柜）	1. 名称 2. 容量 3. 安装方式	套		
0309040017	报警联动一体机	1. 规格、线制 2. 控制回路 3. 安装方式	台		1. 安装 2. 校接线 3. 调试

6.4.2　清单相关问题及说明

（1）消防报警系统配管、配线、接线盒均应按《通用安装工程工程量计算规范》GB 50856—2013附录D电气设备安装工程相关项目编码列项。

（2）消防广播及对讲电话主机包括功放、录音机、分配器、控制柜等设备。

（3）点型探测器包括火焰、烟感、温感、红外光束、可燃气体探测器等。

6.4.3　工程量清单计价实例

【例6-20】某综合大楼一层大厅装有总线制火灾自动报警系统，该系统设有12只感烟探测器，报警按钮5只，警铃2台，并接于同一回路，128点报警控制器一台（壁挂式），1报警备用电源1台。如图6-18所示为火灾自动报警系统原理图。试编制分部分项工程量清单。

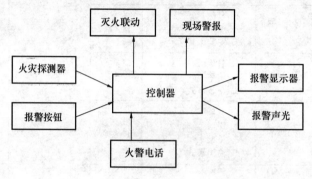

图6-18　火灾自动报警系统原理框图

【解】

清单工程量计算表见表6-17。

清单工程量计算表　　　　　　　　　　　　　　　　　　表6-17

序号	项目编号	项目名称	项目特征描述	计量单位	工程量
1	030904001001	点型探测器	总线制感烟式点型探测器	个	12
2	030904003001	按钮	按钮	个	5
3	030904009001	区域报警控制箱	总线制128点壁挂式报警控制器	台	1
4	030904005001	声光报警器	报警装置警铃	个	2

【例6-21】某综合大楼一层大厅装有总线制火灾自动报警系统，该系统设有15个感烟探测器，5个报警按钮，4个消防报警警铃，并接于同一回路，声光报警器2个，报警备用电源1套。请计算该系统的清单工程量。

【解】

总线制感烟式点型探测器：15个

报警按钮：5个

声光报警器：2个

报警警铃：4只

报警备用电源：1 套

清单工程量计算见表 6-18。

清单工程量计算表　　　　　　　　　　　　　　　　　表 6-18

项目编号	项目名称	项目特征描述	计量单位	工程量
030904001001	点型探测器	总线制感烟式点型探测器	个	15
030904003001	按钮	报警按钮	个	5
030904005001	声光报警器	声光报警器	个	2
030904004001	消防警铃	消防报警警铃	个	4
030904016001	备用电源及电池主机（柜）	报警备用电源	套	1

6.5 消防系统调试清单工程量计算及实例

6.5.1 工程量清单计价规则

消防系统调试工程量清单项目设置、项目特征描述的内容、计量单位及工程量计算规则，应按表 6-19 的规定执行。

消防系统调试（编码：030905）　　　　　　　　　　表 6-19

项目编码	项目名称	项目特征	计量单位	工程量计算规则	工程内容
030905001	自动报警系统调试	1. 点数 2. 线制	系统	按系统计算	系统调试
030905002	水灭火控制装置调试	系统形式	点	按控制装置的点数计算	调试
030905003	防火控制装置调试	1. 名称 2. 类型	个（部）	按设计图示数量计算	调试
030905004	气体灭火系统装置调试	1. 试验容器规格 2. 气体试喷、二次充药剂设计要求	点	按调试、检验和验收所消耗的试验容器总数计算	1. 模拟喷气试验 2. 备用灭火器贮存容器切换操作试验 3. 气体试喷

6.5.2 清单相关问题及说明

（1）自动报警系统包括各种探测器、报警器、报警按钮、报警控制器、消防广播、消防电话等组成的报警系统；按不同点数以系统计算。

（2）水灭火控制装置，自动喷洒系统按水流指示器数量以点（支路）计算；消火栓系统按消火栓启泵按钮数量以点计算；消防水炮系统按水炮数量以点计算。

（3）防火控制装置联动调试，包括电动防火门、防火卷帘门、正压送风阀、排烟阀、防火控制阀、消防电梯等防火控制装置；电动防火门、防火卷帘门、正压送风阀、排烟阀、防火控制阀等调试以个计算，消防电梯以部计算。

（4）气体灭火系统试，是由七氟丙烷、IG541、二氧化碳等组成的灭火系统；按气体灭火系统装置的瓶头阀以点计算。

6.5.3　工程量清单计价实例

【例6-22】某自动报警系统装置调试，如图6-19所示，试计算其清单工程量。

【解】
清单工程量计算表工程量＝1系统
清单工程量计算表见表6-20。

清单工程量计算表　　　　　　　　　　　　　表6-20

项目编号	项目名称	项目特征描述	计量单位	工程量
030905001001	自动报警系统调试	自动化报警系统装置调试，500点以下	系统	1

【例6-23】湿式喷淋系统示意图如图6-20所示，计算水灭火系统控制装置调试的工程量。

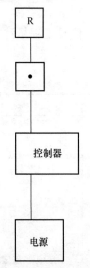

图6-19　自动报警
系统装置

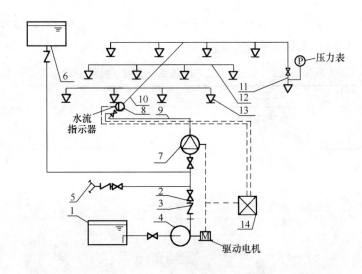

图6-20　湿式喷淋系统示意图
1—水池；2—闸阀；3—止回阀；4—水泵；5—水泵接合器；6—消防水箱；7—湿式报警阀组；8—水流指示器；9—配水干管；10—配水管；11—末端试水装置；12—配水支管；13—闭式洒水喷头；14—报警控制器

【解】
水灭火系统控制装置调试的工程量＝1点

【例6-24】某10层办公楼，消防工程的部分工程项目如下：

（1）消火栓灭火系统：墙壁式消防水泵结合器$DN120＝4$套，室内消火栓单栓，铝合金箱$DN60＝36$套；手动对夹式蝶阀（D71X-6）$DN120＝6$个；镀锌钢管安装（丝接）$DN120＝350m$（管道穿墙及楼板采用一般钢套管，$DN125＝8m$），$DN50＝60m$；管道角钢支架＝585kg。

（2）自动喷淋灭火系统：水流指示器 $DN120=14$ 个，湿式报警装置 $DN120=2$ 组。

（3）火灾自动报警系统：点型感烟探测器（总线制）$=160$ 个，消火栓按钮 $=38$ 只。

试计算其清单工程量。

【解】

（1）室内消火栓镀锌钢管安装（丝接）$DN120$

管件安装：350m；

（2）室内消火栓镀锌钢管安装（丝接）$DN50$

管件安装：60m。

（3）手动对夹式蝶阀安装 D71X-16$DN120$：6 个。

（4）湿式报警装置安装 $DN120$：2 组。

（5）水流指示器安装 $DN120$：14 个。

（6）室内消火栓安装 $DN60$（单栓、铝合金箱）：36 套。

（7）墙壁式消防水泵结合器 $DN120$：4 套。

（8）点型感烟探测器安装（总线制）

探头、底座安装，校接线、探测器调试：165 个。

（9）消火栓按钮安装：38 个。

（10）自动报警系统装置调试 258 点以下：1 系统。

（11）水灭火系统控制装置调试 200 点以下：1 点。

清单工程量计算表见表 6-21。

清单工程量计算表　　　　　　　　　　　　　　　　　　　　表 6-21

序号	项目编号	项目名称	项目特征描述	计量单位	工程量
1	030901002001	消火栓钢管	丝接，$DN120$	m	350
2	030901002002	消火栓钢管	丝接，$DN50$	m	60
3	031003001001	螺纹阀门	手动对夹式蝶阀，D71X-16$DN120$	个	6
4	030901004001	报警装置	湿式报警装置，$DN120$	组	2
5	030901006001	水流指示器	$DN20$	个	14
6	030901010001	室内消火栓	单挂，铝合金箱，$DN60$	套	36
7	030901012001	消火水泵接合器	墙壁式，$DN120$	套	4
8	030904001001	点型探测器	总线制	个	165
9	030904003001	按钮	消火栓按钮	个	38
10	030905001001	自动报警系统装置调试	258 点以下	系统	1
11	030905002001	水灭火系统控制装置调试	200 点以下	点	1

7 给水排水、采暖、燃气工程清单
工程量计算及实例

7.1 给水排水工程清单工程量计算及实例

7.1.1 工程量清单计价规则

1. 给水排水、采暖、燃气管道

给水排水、采暖、燃气管道工程量清单项目设置、项目特征描述的内容、计量单位及工程量计算规则，应按表 7-1 的规定执行。

给水排水、采暖、燃气管道（编码：031001）　　　　　　　　表 7-1

项目编码	项目名称	项目特征	计量单位	工程量计算规则	工作内容
031001001	镀锌钢管	1. 安装部位 2. 介质 3. 规格、压力等级 4. 连接形式 5. 压力试验及吹、洗设计要求 6. 警示带形式			1. 管道安装 2. 管件制作、安装 3. 压力试验 4. 吹扫、冲洗 5. 警示带铺设
031001002	钢管				
031001003	不锈钢管				
031001004	铜管				
031001005	铸铁管	1. 安装部位 2. 介质 3. 材质、规格 4. 连接形式 5. 接口材料 6. 压力试验机吹、洗设计要求 7. 警示带形式	m	按设计图示管道中心线以长度计算	1. 管道安装 2. 管件安装 3. 压力试验 4. 吹扫、冲洗 5. 警示带铺设
031001006	塑料管	1. 安装部位 2. 介质 3. 材质、规格 4. 连接形式 5. 阻火圈设计要求 6. 压力试验机吹、洗设计要求 7. 警示带形式			1. 管道安装 2. 管件安装 3. 塑料卡固定 4. 阻火圈安装 5. 压力试验 6. 吹扫、冲洗 7. 警示带铺设

续表

项目编码	项目名称	项目特征	计量单位	工程量计算规则	工作内容
031001007	复合管	1. 安装部位 2. 介质 3. 规格、规格 4. 连接形式 5. 压力试验及吹、洗设计要求 6. 警示带形式	m	按设计图示管道中心线以长度计算	1. 管道安装 2. 管件安装 3. 塑料卡固定 4. 压力试验 5. 吹扫、冲洗 6. 警示带铺设
031001008	直埋式预制保温管	1. 埋设深度 2. 介质 3. 管道材质、规格 4. 连接形式 5. 接口保温材料 6. 压力试验机吹、洗设计要求 7. 警示带形式	m	按设计图示管道中心线以长度计算	1. 管道安装 2. 管件安装 3. 接口保温 4. 压力试验 5. 吹扫、冲洗 6. 警示带铺设
031001009	承插陶瓷缸瓦管	1. 埋设深度 2. 规格 3. 接口方式及材料 4. 压力试验机吹、洗设计要求 5. 警示带形式	m	按设计图示管道中心线以长度计算	1. 管道安装 2. 管件安装 3. 压力试验 4. 吹扫、冲洗 5. 警示带铺设
031001010	承插水泥管	1. 埋设深度 2. 规格 3. 接口方式及材料 4. 压力试验机吹、洗设计要求 5. 警示带形式	m	按设计图示管道中心线以长度计算	1. 管道安装 2. 管件安装 3. 压力试验 4. 吹扫、冲洗 5. 警示带铺设
031001011	室外管道碰头	1. 介质 2. 碰头形式 3. 材质、规格 4. 连接形式 5. 防腐、绝热设计要求	处	按设计图示以处计算	1. 挖填工作坑或暖气沟拆除及修复 2. 碰头 3. 接口处防腐 4. 接口处绝热及保护层

2. 支架及其他

支架及其他工程量清单项目设置、项目特征描述的内容、计量单位及工程量计算规则，应按表 7-2 的规定执行。

支架及其他（编码：031002） 表7-2

项目编码	项目名称	项目特征	计量单位	工程量计算规则	工作内容
031002001	管道支架	1. 材质 2. 管架形式	1. kg 2. 套	1. 以千克计量，按设计图示质量计算 2. 以套计量，按设计图示数量计算	1. 制作 2. 安装
031002002	设备支架	1. 材质 2. 形式			
031002003	套管	1. 名称、类型 2. 材质 3. 规格 4. 填料材质	个	按设计图示数量计算	1. 制作 2. 安装 3. 除锈、刷油

3. 管道附件

管道附体工程量清单项目设置、项目特征描述的内容、计量单位及工程量计算规则，应按表7-3的规定执行。

管道附件（编码：031003） 表7-3

项目编码	项目名称	项目特征	计量单位	工程量计算规则	工作内容
031003001	螺纹阀门	1. 类型 2. 材质 3. 规格、压力等级 4. 连接形式 5. 焊接方法	个	按设计图示数量计算	1. 安装 2. 电气接线 3. 调试
031003002	螺纹法兰阀门		个	按设计图示数量计算	1. 安装 2. 电气接线 3. 调试
031003003	焊接法兰阀门		个	按设计图示数量计算	1. 安装 2. 电气接线 3. 调试
031003004	带短管甲乙阀门	1. 材质 2. 规格、压力等级 3. 连接形式 4. 接口方式及材质	个	按设计图示数量计算	1. 安装 2. 电气接线 3. 调试
031003005	塑料阀门	1. 规格 2. 连接形式	个	按设计图示数量计算	1. 安装 2. 调试
031003006	减压器	1. 材质 2. 规格、压力等级 3. 连接形式 4. 附件配置	组	按设计图示数量计算	组装
031003007	疏水器	1. 材质 2. 规格、压力等级 3. 连接形式 4. 附件配置	组	按设计图示数量计算	组装

续表

项目编码	项目名称	项目特征	计量单位	工程量计算规则	工作内容
031003008	除污器（过滤器）	1. 材质 2. 规格、压力等级 3. 连接形式	组	按设计图示数量计算	安装
031003009	补偿器	1. 类型 2. 材质 3. 规格、压力等级 4. 连接形式	个	按设计图示数量计算	安装
031003010	软接头（软管）	1. 材质 2. 规格 3. 连接形式	个（组）	按设计图示数量计算	安装
031003011	法兰	1. 材质 2. 规格、压力等级 3. 连接形式	副（片）	按设计图示数量计算	安装
031003012	倒流防止器	1. 材质 2. 型号、规格 3. 连接形式	套	按设计图示数量计算	安装
031003013	水表	1. 安装部位（室内外） 2. 型号、规格 3. 连接形式 4. 附件配置	组（个）	按设计图示数量计算	组装
031003014	热量表	1. 类型 2. 型号、规格 3. 连接形式	块	按设计图示数量计算	安装
031003015	塑料排水管消声器	1. 规格 2. 连接形式	个	按设计图示数量计算	安装
031003016	浮标液面计		组	按设计图示数量计算	安装
031003017	浮漂水位标尺	1. 用途 2. 规格	套	按设计图示数量计算	安装

4. 卫生器具

卫生器具工程量清单项目设置、项目特征描述的内容、计量单位及工程量计算规则，应按表 7-4 的规定执行。

卫生器具（编码：031004）　　　　　表 7-4

项目编码	项目名称	项目特征	计量单位	工程量计算规则	工作内容
031004001	浴缸	1. 材质 2. 规格、类型 3. 组装形式 4. 附件名称、数量	组	按设计图示数量计算	1. 器具安装 2. 附件安装
031004002	净身盆		组	按设计图示数量计算	
031004003	洗脸盆		组	按设计图示数量计算	

续表

项目编码	项目名称	项目特征	计量单位	工程量计算规则	工作内容
031004004	洗涤盆	1. 材质 2. 规格、类型 3. 组装形式 4. 附件名称、数量	组	按设计图示数量计算	1. 器具安装 2. 附件安装
031004005	化验盆	1. 材质 2. 规格、类型 3. 组装形式 4. 附件名称、数量	组	按设计图示数量计算	1. 器具安装 2. 附件安装
031004006	大便器	1. 材质 2. 规格、类型 3. 组装形式 4. 附件名称、数量	组	按设计图示数量计算	1. 器具安装 2. 附件安装
031004007	小便器	1. 材质 2. 规格、类型 3. 组装形式 4. 附件名称、数量	组	按设计图示数量计算	
031004008	其他成品 卫生器具	1. 材质 2. 规格、类型 3. 组装形式 4. 附件名称、数量	组	按设计图示数量计算	1. 器具安装 2. 附件安装
031004009	烘手器	1. 材质 2. 型号、规格	个	按设计图示数量计算	安装
031004010	淋浴器	1. 材质、规格 2. 组装形式 3. 附件名称、数量	套	按设计图示数量计算	1. 器具安装 2. 附件安装
031004011	淋浴间	1. 材质、规格 2. 组装形式 3. 附件名称、数量	套	按设计图示数量计算	
031004012	桑拿浴房	1. 材质、规格 2. 组装形式 3. 附件名称、数量	套	按设计图示数量计算	1. 器具安装 2. 附件安装
031004013	大、小便 槽自动冲 洗水箱	1. 材质、类型 2. 规格 3. 水箱配件 4. 支架形式及做法 5. 器具及支架除锈、 刷油设计要求	套	按设计图示数量计算	1. 制作 2. 安装 3. 支架制作、安装 4. 除锈、刷油

续表

项目编码	项目名称	项目特征	计量单位	工程量计算规则	工作内容
031004014	给、排水附（配）件	1. 材质 2. 型号、规格 3. 安装方式	个（组）	按设计图示数量计算	安装
031004015	小便槽冲洗管	1. 材质 2. 规格	m	按设计图示长度计算	
031004016	蒸汽—水加热器	1. 类型 2. 型号、规格 3. 安装方式	套	按设计图示数量计算	1. 制作 2. 安装
031004017	冷热水混合器	1. 类型 2. 型号、规格 3. 安装方式	套	按设计图示数量计算	
031004018	饮水器	1. 类型 2. 型号、规格 3. 安装方式	套	按设计图示数量计算	安装
031004019	隔油器	1. 类型 2. 型号、规格 3. 安装部位	套	按设计图示数量计算	安装

7.1.2 清单相关问题及说明

1. 给水排水、采暖、燃气管道

（1）计价规则中的安装部位，指的是管道安装在室内、室外。

（2）输送介质包括给水、排水、中水、雨水、热媒体、燃气、空调水等。

（3）方形补偿器制作安装应含在管道安装综合单价中。

（4）铸铁管安装适用于承插铸铁管、球墨铸铁管、柔性抗震铸铁管等。

（5）塑料管安装适用于 UPVC、PVC、PP-C、PP-R、PE、PB 管等塑料管材。

（6）复合管安装适用于钢塑复合管、铝塑复合管、钢骨架复合管等复合型管道安装。

（7）直埋保温管包括直埋保温管件安装及接口保温。

（8）排水管道安装包括立管检查口、透气帽。

（9）室外管道碰头：

1）适用于新建或扩建工程热源、水源、气源管道与原（旧）有管道碰头；

2）室外管道碰头包括挖工作坑、土方回填或暖气沟局部拆除及修复；

3）带介质管道碰头包括开关闸、临时放水管线铺设等费用；

4）热源管道碰头每处包括供、回水两个接口；

5）碰头形式指带介质碰头、不带介质碰头。

（10）管道工程量计算不扣除阀门、管件（包括减压器、疏水器、水表、伸缩器等组成安装）及附属构筑物所占长度；方形补偿器以其所占长度列入管道安装工程量。

（11）压力试验按设计要求描述试验方法，如水压试验、气压试验、泄漏性试验、闭水试验、通球试验、真空试验等。

（12）吹、洗按设计要求描述吹扫、冲洗方法，如水冲洗、消毒冲洗、空气吹扫等。

2. 支架及其他

（1）单件支架质量 100kg 以上的管道支吊架执行设备支吊架制作安装。

（2）成品支架安装执行相应管道支架或设备支架项目，不再计取制作费，支架本身价值含在综合单价中。

（3）套管制作安装，适用于穿基础、墙、楼板等部位的防水套管、填料套管、无填料套管及防火套管等，应分别列项。

3. 管道附件

（1）法兰阀门安装包括法兰连接，不得另计。阀门安装如仅为一侧法兰连接时，应在项目特征中描述。

（2）塑料阀门连接形式需注明热熔连接、粘接、热风焊接等方式。

（3）减压器规格按高压侧管道规格描述。

（4）减压器、疏水器、倒流防止器等项目包括组成与安装工作内容，项目特征应根据设计要求描述附件配置情况，或根据××图集或××施工图做法描述。

4. 卫生器具

（1）成品卫生器具项目中的附件安装，主要指给水附件包括水嘴、阀门、喷头等，排水配件包括存水弯、排水栓、下水口等以及配备的连接管。

（2）浴缸支座和浴缸周边的砌砖、瓷砖粘贴，应按现行国家标准《房屋建筑与装饰工程工程量计算规范》GB 50854—2013 相关项目编码列项；功能性浴缸不含电机接线和调试，应按《通用安装工程工程量计算规范》GB 50856—2013 附录 D 电气设备安装工程相关项目编码列项。

（3）洗脸盆适用于洗脸盆、洗发盆、洗手盆安装。

（4）器具安装中若采用混凝土或砖基础，应按现行国家标准《房屋建筑与装饰工程工程量计算规范》GB 50854—2013 相关项目编码列项。

（5）给、排水附（配）件是指独立安装的水嘴、地漏、地面扫出口等。

7.1.3 工程量清单计价实例

【例 7-1】某室外给水系统中埋地管道的局部长度为 8.55m，如图 7-1 所示，其中该管道外圆周长为 0.19m，涂刷两遍银粉漆，试计算埋地管道的清单工程量和定额工程量。

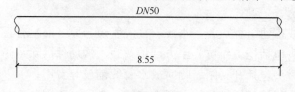

图 7-1　埋地管道示意图（单位：m）

【解】

丝接镀锌钢管 DN50 长度为 8.55m，所以镀锌钢管工程量为 8.55m。

清单工程量计算表见表 7-5。

清单工程量计算表 表 7-5

项目编码	项目名称	项目特征描述	计量单位	工程量
031001001001	镀锌钢管	DN50 镀锌钢管	m	8.55

【例 7-2】 如图 7-2 所示，某室外供热管道中有 DN100 镀锌钢管一段，起止总长度为 128.8m，管道中设置方形伸缩器一个，臂长 0.9m，该管道刷沥青漆两遍，膨胀蛭石保温，保温层厚度为 60mm，试计算该段管道安装的工程量。

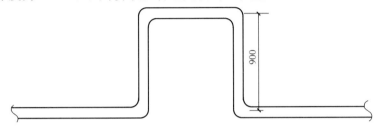

图 7-2 方形伸缩器示意图

【解】

镀锌钢管清单工程量按设计图示管道中心线以长度计算。

供热管道的长度为 128.8m，伸缩器两壁的增加长度 $L=0.9+0.9=1.8m$，则：

该室外供热管道安装的工程量 $=128.8+1.8=130.6m$

镀锌钢管工程量见表 7-6。

清单工程量计算表 表 7-6

项目编码	项目名称	项目特征描述	计量单位	工程量
031001001001	镀锌钢管	焊接，室外供热管道	m	130.6

【例 7-3】 立管 DN32 穿 2、3 层楼板，需设 DN50 镀锌钢套管，每个长按 0.25m 计，试计算其清单工程量。

【解】

工程量 $=0.25\times2=0.5m$。

镀锌钢管工程量见表 7-7。

清单工程量计算表 表 7-7

项目编码	项目名称	项目特征描述	计量单位	工程量
031001001001	镀锌钢管	DN50	m	0.5

【例 7-4】 某厨房给水系统局部管道如图 7-3 所示，其采用镀锌钢管，螺纹连接，试计算镀锌钢管的工程量。

【解】

（1）DN25

工程量 $=2.6m$（节点 3 到节点 5）

（2）DN20

$$工程量=[3+1.0+1.0(节点\,3\,到节点\,2)]m=5m$$

（3）$DN15$

工程量$=[1.8+0.6(节点\,3\,到节点\,4)+0.6+1.0+0.6(节点\,2\,到节点\,0',节点\,2\,到\,1$
再到节点$\,0)]m=4.6m$

清单工程量计算见表7-8。

清单工程量计算表　　　　　　　　　　　　　　　　表7-8

序号	项目编码	项目名称	项目特征描述	计量单位	工程量
1	031001001001	镀锌钢管	$DN25$ 镀锌钢管，螺纹连接	m	2.6
2	031001001002	镀锌钢管	$DN20$ 镀锌钢管，螺纹连接	m	5
3	031001001003	镀锌钢管	$DN15$ 镀锌钢管，螺纹连接	m	4.6

【例7-5】某住宅楼采暖系统某方管安装形式如图7-4所示，试计算其清单工程量（方管采用的是 $DN25$ 焊接钢管，单管顺流式连接）。

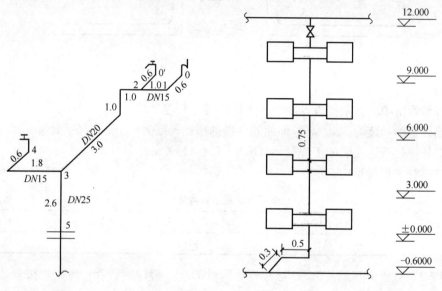

图7-3　某厨房给水系统示意图　　　　　　图7-4　采暖系统示意图

【解】

钢管清单工程量按设计图示管道中心线以长度计算，不扣除阀门、管件（包括减压器、疏水器、水表、伸缩器等组成安装）及附属构筑物所占长度。

$DN25$ 焊接钢管工程量$=[12.0-(-0.600)]$（标高差）$+0.3$（竖直埋管长度）$+0.5$

（水平埋管长度）-0.75（散热器进出水管中心距）$\times4$（层数）

$=10.4m$

清单工程量计算见表7-9。

清单工程量计算表　　　　　　　　　　　　　　　　表7-9

项目编号	项目名称	项目特征描述	计量单位	工程量
031001002001	钢管	$DN25$ 焊接方钢管，单管顺流式连接，室内	m	10.4

【例7-6】某住宅采暖系统立管安装如图7-5所示，立管为 $DN20$ 焊接钢管，单管顺流

式安装连接。试计算立管的工程量。

【解】

$DN20$ 焊接钢管工程量$=[12.6-(-1.100)]$(标高差)$+0.2$(立管中心与供水干管引

入该立管处垂直距离)$+0.2$(立管中心与回水干管的垂直距

离)-0.5(散热器进出水中心距)$\times 5$(层数)

$=11.6\mathrm{m}$

清单工程量计算见表7-10。

清单工程量计算表   表7-10

项目编码	项目名称	项目特征描述	计量单位	工程量
031001002001	钢管	采暖立管 $DN20$	m	11.6

【例7-7】某住宅采暖系统热力入口如图7-6所示,室外热力管井至外墙面的距离为2.8m,供回水管采用 $DN125$ 的焊接钢管,立管距外墙内墙面的距离为0.1m,外墙壁厚为0.37m,试计算该热力入口的供、回水管的清单工程量。

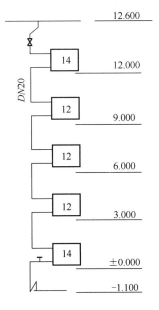

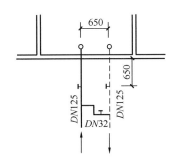

图7-5 立管示意图   图7-6 热力入口示意图

【解】

(1) 室外管道

采暖热源管道以入口阀门或建筑物外墙皮1.5m为界,这里以热力入口阀门为界。

$DN125$ 钢管(焊接)工程量$=[2.8$(接入口与外墙面距离)-0.65(阀门

与外墙面距离)$]\times 2$(供、回水管)

$=4.3\mathrm{m}$

(2) 室内管道

$DN125$ 钢管(焊接)工程量$=[0.65$(阀门与外墙面距离)$+0.37$(外墙壁厚)

$+0.1$（立管距外墙内墙面的距离）]$\times 2$（供回水两根管）
$=2.24m$

清单工程量计算表见表 7-11。

清单工程量计算表

表 7-11

项目编码	项目名称	项目特征描述	计量单位	工程量
031001002001	钢管	室外管道 $DN125$	m	4.3
031001002002	钢管	室内管道 $DN125$	m	2.24

【例7-8】某建筑的屋顶排水系统如图 7-7 所示，该建筑采用天沟外排水系统排水，排水管采用承插水泥管，试计算承插水泥管工程量。

【解】

承插水泥管工程量计算规则：按设计图示管道中心线以长度计算。

承插水泥管工程量$=0.5+1.2+9+1.75+0.8=13.25m$

承插水泥管工程量计算见表 7-12。

承插水泥管工程量表

表 7-12

项目编号	项目名称	项目特征描述	计量单位	工程量
031001010001	承插水泥管	承插水泥管 $DN150$	m	13.25

【例7-9】某排水系统部分管道如图 7-8 所示，管道采用承插铸铁管，水泥接口，试计算其清单工程量。

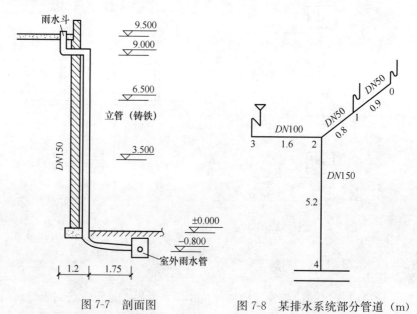

图 7-7 剖面图   图 7-8 某排水系统部分管道（m）

【解】

(1) 承插铸铁管 $DN50$

0.9m（从节点 0 到节点 1 处）$+0.8m$（从节点 1 到节点 2 处）$=1.7m$

(2) 承插铸铁管 $DN100$

1.6m(从节点 3 至节点 2 处)＝1.6m

（3）承插铸铁管 $DN150$

5.2m(从节点 2 到节点 4 处)＝5.2m

清单工程量计算见表 7-13。

清单工程量计算表　　　　　　　　　　　　　　　表 7-13

项目编码	项目名称	项目特征描述	计量单位	工程量
031001005001	承插铸铁管	$DN50$、排水	m	1.7
031001005002	承插铸铁管	$DN100$、排水	m	1.6
031001005003	承插铸铁管	$DN150$、排水	m	5.2

【例 7-10】某给水镀锌钢管如图 7-9 所示，规格为 $DN50$、$DN25$，连接方式为锌镀钢管丝接，试计算其清单工程量。

【解】

（1）$DN50$

工程量＝1.55m(给水立管楼层以上部分)＋2.6m(横支管长度)

＝4.15m

（2）$DN25$

工程量＝1.65m（接水龙头的支管长度）

（3）水龙头

工程量＝2 个

其清单工程量见表 7-14。

清单工程量计算表　　　　　　　　　　　　　　　表 7-14

项目编码	项目名称	项目特征描述	计量单位	工程量
031001001001	镀锌钢管	室内给水 $DN50$	m	4.15
031001001002	镀锌钢管	室内给水 $DN25$	m	1.65
031004014001	水龙头	$DN25$	个	2

【例 7-11】某排水铸铁管的局部剖面如图 7-10 所示，试计算其清单工程量。

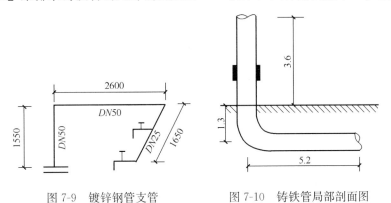

图 7-9　镀锌钢管支管　　　　　　图 7-10　铸铁管局部剖面图

【解】

承插铸铁管 $DN100$ 清单工程量为：

$$3.6 + 1.3 + 5.2 = 10.1m$$

其清单工程量见表 7-15。

清单工程量计算表 表 7-15

项目编码	项目名称	项目特征描述	计量单位	工程量
031001005001	承插铸铁管	$DN100$，排水	m	10.1

【例 7-12】某建筑工程给水系统采用 UPVC 管，共用该类管管长 846m，计算 UPVC 塑料管的工程量。

【解】

$$UPVC 塑料管的工程量 = 846m$$

【例 7-13】某室内塑料管给水管道如图 7-11 所示，立管、支管均采用塑料管 PVC 管，给水设备有 3 个水龙头，一个自闭式冲洗阀。试计算塑料管清单工程量。

【解】

（1）给水管 $DN50$

$$工程量 = 5.9m（节点 1 至节点 2 的长度）$$

（2）给水管 $DN25$

$$工程量 = 3.4m（节点 2 至节点 4 的长度）\times 2 = 6.8m$$

（3）给水管 $DN20$

$$工程量 = 1.6m（节点 2 至节点 3 的长度）\times 2 = 3.2m$$

清单工程量计算见表 7-16。

清单工程量计算表 表 7-16

项目编码	项目名称	项目特征描述	单位	工程量
031001006001		给水管 $DN50$ 室内	m	5.9
031001006002	塑料管	给水管 $DN25$ 室内	m	6.8
031001006003		给水管 $DN20$ 室内	m	3.2

【例 7-14】如图 7-12 所示为单管托架立面图，已知其质量为 25.66kg，试计算其工程量。

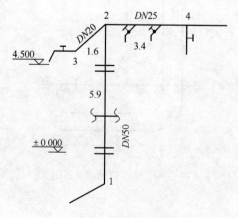

图 7-11 塑料管给水管道

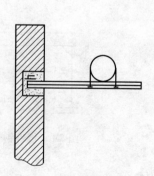

图 7-12 单管托架立面图

【解】

管道支架工程量：

（1）以千克计量，按设计图示质量计算。

$$单管托架工程量 = 25.66kg$$

（2）以套计量，按设计图示数量计算。

$$单管托架工程量 = 1 套$$

该管道支架制作安装工程量见表 7-17。

管道支架工程量表　　　表 7-17

项目编码	项目名称	项目特征描述	计量单位	工程量
031002001001	管道支架	角钢L50×5	kg（套）	25.66（1）

【例 7-15】 某住宅采暖系统供水总立管如图 7-13 所示，每层距地面 1.8m 处均安装立管卡，试计算立管管卡的清单工程量。

【解】

清单工程量 = 6(支架个数) × 1.41(单支架重量) = 8.46kg

清单工程量计算见表 7-18。

清单工程量计算表　　　表 7-18

项目编码	项目名称	项目特征描述	计量单位	工程量
031002001001	管道支架	立管支架 DN100	kg	8.46

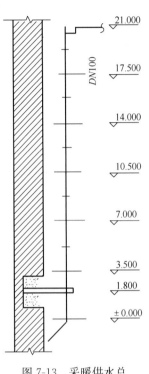

图 7-13 采暖供水总立管示意图

【例 7-16】 某工程一个风机减振台座 CG327，风机机号 No.4A，采用 6 套 GJT-2 减振器，计算其清单工程量。

【解】

GJT-2 减振器 6 套

清单工程量计算见表 7-19。

清单工程量计算表　　　表 7-19

项目编码	项目名称	项目特征描述	计量单位	工程量
031002002001	设备支架	GJT-2 减振器	套	6

【例 7-17】 某住宅楼厨房和卫生间给水排水平面如图 7-14 所示。厨房内有 1 个洗涤盆，卫生间设有 1 个坐式大便器 1 个立式洗脸盆 1 个洗衣机水龙头，设 1 个预留口以便用户安装淋浴器，管道轴测图如图 7-15 和图 7-16 所示。

给水管为铝塑复合管，排水管 PVC-U 塑料管（粘接接口），给水立管至分水器的管段采用钢塑复合管，坐式大便器为联体水箱坐式大便器。给水管从分水器至洗涤盆的管段沿墙暗敷，分水器至卫生间的水平管段沿地暗敷，垂直段管道沿墙暗敷。管道支架除中锈，刷防锈漆两遍、银粉漆两遍。试计算清单工程量。

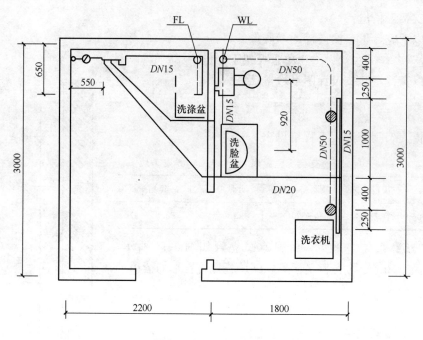

图 7-14 卫生间平面图

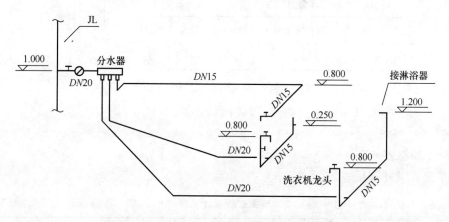

图 7-15 厨房、卫生间给水管道轴测图

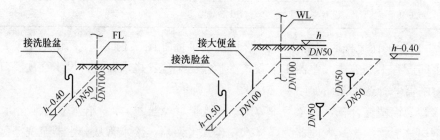

图 7-16 厨房、卫生间排水管道轴测图

【解】

(1) 铝塑复合管 $DN15$

工程量 $=(2.2-0.18/2-0.06-0.55+0.65)$(厨房)

$\qquad+(0.9+0.53+0.25+0.04\times2)$(洗脸盆至大便器)

$\qquad+(0.8+0.25+0.4+1+1.2+0.04\times2)$(洗衣机至沐浴器)

$\qquad=(2.15+1.76+3.73)$m

$\qquad=7.64$m

(2) 铝塑复合管 $DN20$

工程量 $=(1.0+0.04+1.25+0.6)$(分水器至脸盆)

$\qquad+(1.0+0.04+2.2+1.75)$(分水器至洗衣机)

$\qquad=(2.89+4.99)$m

$\qquad=7.88$m

(3) 塑料排水管 $DN50$

工程量 $=(0.4+0.65-0.15)$(洗脸盆至 FL)

$\qquad+(0.25+0.4+1.0+0.25+0.4-0.15+1.8-0.18-0.15\times2)$

$\qquad$(洗衣机至 WL)$+(0.4\times4)$(器具排水管高度)

$\qquad=(0.9+3.47+1.6)$m

$\qquad=5.97$m

(4) 塑料排水管 $DN100$

工程量 $=(0.92+0.4-0.15)$(横管)$+0.5$(器具排水管高度)

$\qquad=1.67$m

(5) 钢塑复合管 $DN20$

工程量 $=0.8-0.25$(立管至分水器)

$\qquad=0.55$m

(6) 水表安装 $DN20$

工程量 $=1$ 组

(7) 洗涤盆安装

工程量 $=1$ 组

(8) 洗脸盆安装

工程量 $=1$ 组

(9) 坐便器安装

工程量 $=1$ 组

(10) 水龙头安装 $DN15$

工程量 $=1$ 个

(11) 地漏安装 $DN50$

工程量 $=1$ 组

(12) 管道支架

工程量 $=$ (排水管道)3kg/ 个 $\times6$ 个 $=18$kg

清单工程量计算表见表 7-20。

清单工程量计算表   表 7-20

序号	项目编号	项目名称	项目特征描述	计量单位	工程量
1	031001007001	铝塑复合管	铝塑复合管 DN15	m	7.64
2	031001007002	铝塑复合管	铝塑复合管 DN20	m	7.88
3	031001007003	钢塑复合管	钢塑复合管 DN20	m	0.55
4	031001006001	塑料管	塑料排水管 DN50	m	5.97
5	031001006002	塑料管	塑料排水管 DN100	m	1.67
6	031003013001	水表	螺纹水表安装 DN20，××型	组	1
7	031004003001	洗脸盆	陶瓷洗脸盆安装，××型角阀和不锈钢存水弯	组	1
8	031004004001	洗涤盆	不锈钢洗涤盆安装，××型角阀和不锈钢存水弯	组	1
9	031004006001	大便器	陶瓷坐式大便器（联体水箱）安装，××型，角阀	组	1
10	031004014001	水龙头	不锈钢水龙头安装 DN15，××型	个	1
11	031004014002	地漏	地漏安装 DN50，塑料，××型	个	2
12	031002001001	管道支架	管道支架制作安装，除中锈，刷防锈漆二遍，银粉漆两遍	kg	18

【例 7-18】某方形补偿器如图 7-17 所示，方形补偿器所在管道为 DN50 的焊接钢管，管道长度为 120.6m，管道在室内安装，螺纹连接。试计算该管道工程量。

【解】

（1）方形补偿器 DN50（伸缩器）

$$工程量 = 1 个$$

（2）焊接钢管 DN50

$$工程量 = 120.6 + 0.75（方形补偿器臂长）\times 2 = 121.35m$$

【例 7-19】某卫生间给水系统和排水系统示意图，分别如图 7-18 和图 7-19 所示，室内给水管采用热浸镀锌钢管，连接方式为螺纹连接明装，管道外刷面漆二道，排水管材为承插铸铁管，计算螺纹阀门的工程量。

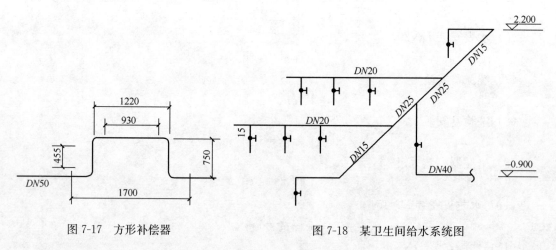

图 7-17 方形补偿器   图 7-18 某卫生间给水系统图

【解】

DN40 螺纹阀门的工程量＝1 个

DN15 螺纹阀门的工程量＝8 个

【例 7-20】图 7-20 是某采暖工程平面图，其系统图如图 7-21 所示，管道为焊接钢管，

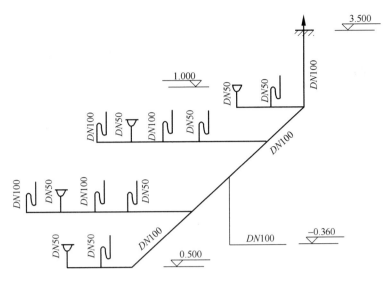

图 7-19 某卫生间排水系统图

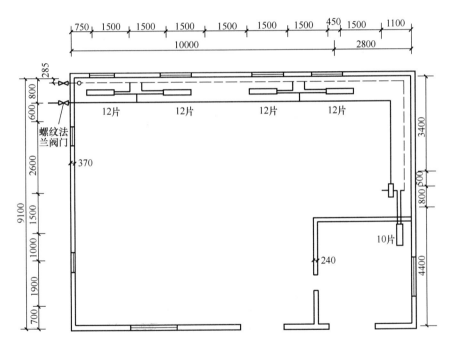

图 7-20 采暖平面图

其接口方式为立、支管采用螺纹连接，其余用焊接。

阀门型号：总阀为 J41T—1.6，其余为 J111—1.6，进出口立支管管径为 DN32。

采用四柱 760 型散热器。焊接钢管除锈后刷红丹防锈漆两遍，银粉漆两遍。试计算螺纹法兰阀门工程量。

【解】

螺纹法兰阀门的工程量 = 2 个

【例 7-21】某减压器安装如图 7-22 所示，试计算其工程量。

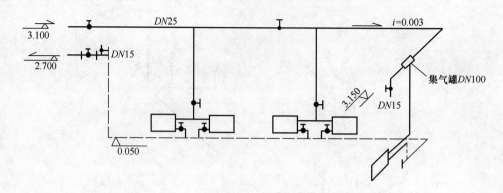

图 7-21　采暖系统图

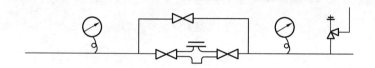

图 7-22　活塞式减压器安装

【解】

减压器安装工程量计算规则：按设计图示数量计算。

$$活塞式减压器安装 = 1 组$$

该减压器安装工程量见表 7-21。

减压器安装工程量表　　　　　　　　　　　　　　表 7-21

项目编号	项目名称	项目特征描述	计量单位	工程量
031003006001	减压器	活塞式减压器，焊接连接	组	1

【例 7-22】 某除污器安装在用户入口供水总管上，如图 7-23 所示，试计算其工程量。

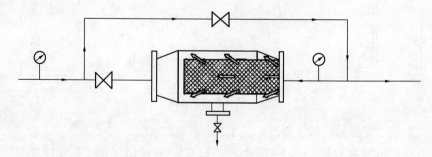

图 7-23　除污器

【解】

除污器（过滤器）清单工程量按设计图示数量计算。

$$除污器安装工程量 = 1 组$$

清单工程量计算见表 7-22。

清单工程量计算表　　　　　　　　　　　　表 7-22

项目编号	项目名称	项目特征描述	计量单位	工程量
031003008001	除污器	直角式除污器	组	1

【例 7-23】 某管道工程采用 DN50 疏水器，共安装 12 组该疏水器（24kg），计算该工程中疏水器的工程量。

【解】

$$疏水器的工程量 = 12 组$$

【例 7-24】 如图 7-24 为钢管配焊接法兰，试计算法兰工程量。

【解】

$$法兰工程量 = 3 副$$

清单工程量计算见表 7-23。

清单工程量计算表　　　　　　　　　　　　表 7-23

项目编号	项目名称	项目特征描述	计量单位	工程量
031003011001	法兰	平焊	副	3

【例 7-25】 某卫生间有一个搪瓷浴缸，如图 7-25 所示，尺寸为 1200mm×900mm×420mm，采用冷热水供水，试计算其工程量。

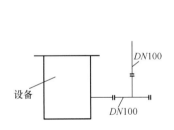

图 7-24　钢管配焊接法兰

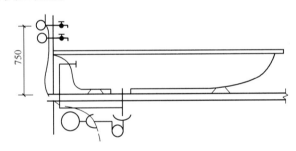

图 7-25　搪瓷浴缸

【解】

$$搪瓷浴盆工程量 = 1 组$$

清单工程量计算见表 7-24。

清单工程量计算表　　　　　　　　　　　　表 7-24

项目编号	项目名称	项目特征描述	计量单位	工程量
031004001001	浴缸	搪瓷	组	1

【例 7-26】 某宾馆卫生间安装一搪瓷浴缸，如图 7-26 所示，试计算浴缸的工程量。

【解】

$$浴缸的工程量 = 1 组$$

【例 7-27】 如图 7-27 所示为一洗脸盆平面图，试计算其工程量。

【解】

$$洗脸盆工程量 = 1 组$$

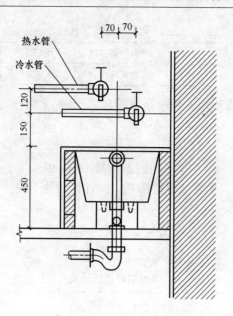

图 7-26　浴缸安装示意图

清单工程量计算见表 7-25。

清单工程量计算表　　　　表 7-25

项目编号	项目名称	项目特征描述	计量单位	工程量
031004003001	洗脸盆	按实际要求	组	1

【例 7-28】某住宅陶瓷净身盆如图 7-28 所示，试计算其工程量。

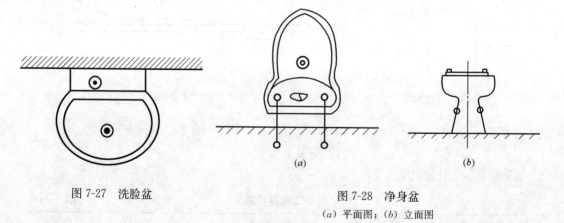

图 7-27　洗脸盆

图 7-28　净身盆
(a) 平面图；(b) 立面图

【解】

根据工程量计算规则，净身盆工程量按设计图示数量计算。

净身盆工程量 ＝ 1 组

该净身盆工程量见表 7-26。

净身盆工程量表　　　　表 7-26

项目编号	项目名称	项目特征描述	计量单位	工程量
031004002001	净身盆	陶瓷净身盆	组	1

【例7-29】 图 7-29 为一挂式冷水洗脸盆安装示意图，其尺寸为 560mm×410mm× 300mm，试计算其工程量。

【解】

洗脸盆清单工程量按设计图示数量计算。

洗脸盆工程量 = 1 组

清单工程量计算见表 7-27。

清单工程量计算表　　　　　　　　表 7-27

项目编号	项目名称	项目特征描述	计量单位	工程量
031004003001	洗脸盆	尺寸为 560mm×410mm×300mm	组	1

【例7-30】 图 7-30 为某低水箱坐式大便器安装示意图，试计算其清单工程量。

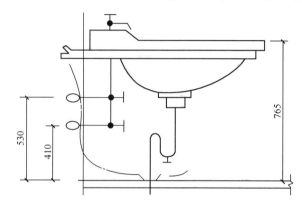

图 7-29　挂式冷水洗脸盆安装示意图　　　　图 7-30　低水箱坐式大便器安装示意图

【解】

大便器清单工程量按设计图示数量计算。

低水箱坐式大便器工程量 = 1 组

清单工程量计算见表 7-28。

清单工程量计算表　　　　　　　　表 7-28

项目编号	项目名称	项目特征描述	计量单位	工程量
031004006001	大便器	低水箱坐式	组	1

【例7-31】 某饭店女卫生间大便器平面布置图如图 7-31 所示，该饭店共 5 层，计算大便器的工程量。

【解】

大便器的工程量 = 4×5 = 20 组

【例7-32】 某立式小便器安装示意图如图 7-32 所示，试计算其清单工程量。

【解】

小便器清单工程量按设计图示数量计算

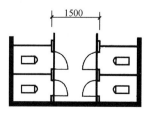

图 7-31　某饭店男卫生间大便器平面布置图

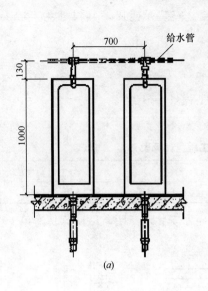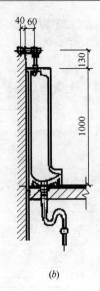

图 7-32 立式小便器安装示意图

(a) 立面图；(b) 侧面图

立式小便器工程量 = 1 组

【例 7-33】某大型商场共 6 层，除一层外，其余各层的男、女卫生间各安装了 2 个如图 7-33 所示的感应式自动干手器，试计算其清单工程量。

【解】

烘手器清单工程量按设计图示数量计算

烘手器工程量 = 2×2×5 = 20 个

清单工程量计算见表 7-29。

清单工程量计算表   表 7-29

项目编号	项目名称	项目特征描述	计量单位	工程量
031004009001	烘手器	感应式自动干手器	个	20

【例 7-34】某淋浴器工作原理图如图 7-34 所示，计算淋浴器的工程量。

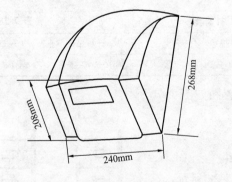

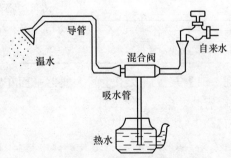

图 7-33 感应式自动干手器   图 7-34 淋浴器工作原理图

【解】

淋浴器的工程量 = 1 套

【例7-35】某排水管道截取的部分图如图7-35所示，其中有地漏的和地面扫出口各1个，试计算清单工程量。

【解】

$$地漏 DN50 清单工程量 = 1 个$$
$$地面扫出口 DN50 清单工程量 = 1 个$$

清单工程量计算见表7-30。

清单工程量计算表　　　　　　　　表 7-30

项目编码	项目名称	项目特征描述	计量单位	工程量
031004014001	地漏	DN50	个	1
031004014002	地面扫出口	DN50	个	1

【例7-36】某多孔小便槽冲洗管示意图如图7-36所示，管长为4.2m，控制阀门的短管长为0.25m，试计算小便槽冲洗管的清单工程量。

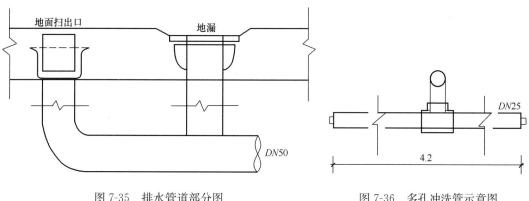

图 7-35　排水管道部分图　　　　　　图 7-36　多孔冲洗管示意图

【解】

$$小便槽冲洗管 DN25 工程量 = (4.2 + 0.25) \times 3 = 13.35 m$$

清单工程量计算见表7-31。

清单工程量计算表　　　　　　　　表 7-31

项目编号	项目名称	项目特征描述	计量单位	工程量
031004015001	小便槽冲洗管	DN25	m	13.35

【例7-37】某宾馆房间采用了一套如图7-37所示的SQS型小型单管式蒸汽-水加热器，用于快速加热被加热水，试计算其清单工程量。

【解】

蒸汽-水加热器清单工程量按设计图示数量计算。

$$蒸汽 - 水加热器工程量 = 1 套$$

清单工程量计算见表7-32。

清单工程量计算表　　　　　　　　表 7-32

项目编号	项目名称	项目特征描述	计量单位	工程量
031004016001	蒸汽-水加热器	SQS型小型单管式	套	1

【例 7-38】 如图 7-38 所示的小型冷热水混合器，试计算其清单工程量。

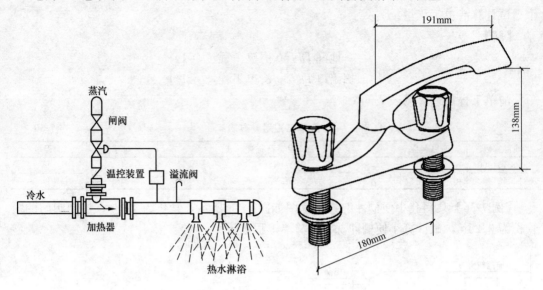

图 7-37　小型单管蒸汽-水加热器　　　　　图 7-38　冷热水混合器

【解】

冷热水混合器清单工程量按设计图示数量计算

冷热水混合器工程量 = 1 套

清单工程量计算见表 7-33。

清单工程量计算表　　　　　　　　　　　　　　　　表 7-33

项目编号	项目名称	项目特征描述	计量单位	工程量
031004017001	冷热水混合器	小型	套	1

7.2　采暖工程清单工程量计算及实例

7.2.1　工程量清单计价规则

1. 供暖器具

供暖器具工程量清单项目设置、项目特征描述的内容、计量单位及工程量计算规则，应按表 7-34 的规定执行。

供暖器具（编码：031005）　　　　　　　　　　　　表 7-34

项目编码	项目名称	项目特征	计量单位	工程量计算规则	工作内容
031005001	铸铁散热器	1. 型号、规格 2. 安装方式 3. 托架形式 4. 器具、托架除锈、刷油设计要求	片（组）	按设计图示数量计算	1. 组对、安装 2. 水压试验 3. 托架制作、安装 4. 除锈、刷油

7.2 采暖工程清单工程量计算及实例

项目编码	项目名称	项目特征	计量单位	工程量计算规则	工作内容
031005002	钢制散热器	1. 结构形式 2. 型号、规格 3. 安装方式 4. 托架刷油设计要求	组 （片）	按设计图示数量计算	1. 安装 2. 托架安装 3. 托架刷油
031005003	其他成品散热器	1. 材质、类型 2. 型号、规格 3. 托架刷油设计要求	组 （片）	按设计图示数量计算	1. 安装 2. 托架安装 3. 托架刷油
031005004	光排管散热器	1. 材质、类型 2. 型号、规格 3. 托架形式及做法 4. 器具、托架除锈、刷油设计要求	m	按设计图示排管长度计算	1. 制作、安装 2. 水压试验 3. 除锈、刷油
031005005	暖风机	1. 质量 2. 型号、规格 3. 安装方式	台	按设计图示数量计算	安装
031005006	地板辐射采暖	1. 保温层材质、厚度 2. 钢丝网设计要求 3. 管道材质、规格 4. 压力试验及吹扫设计要求	1. m² 2. m	1. 以平方米计量，按设计图示采暖房间净面积计算 2. 以米计量，按设计图示管道长度计算	1. 保温层及钢丝网铺设 2. 管道排布、绑扎、固定 3. 与分集水器连接 4. 水压试验、冲洗 5. 配合地面浇注
031005007	热媒集配装置	1. 材质 2. 规格 3. 附件名称、规格、数量	台	按设计图示数量计算	1. 制作 2. 安装 3. 附件安装
031005008	集气罐	1. 材质 2. 规格	个	按设计图示数量计算	1. 制作 2. 安装

2. 采暖、给水排水设备

采暖、给水排水设备工程量清单项目设置、项目特征描述的内容、计量单位及工程量计算规则，应按表 7-35 的规定执行。

采暖、给水排水设备（编码：031006） 表 7-35

项目编码	项目名称	项目特征	计量单位	工程量计算规则	工作内容
031006001	变频给水设备	1. 设备名称 2. 型号、规格 3. 水泵主要技术参数 4. 附件名称、规格、数量 5. 减振装置形式	套	按设计图示数量计算	1. 设备安装 2. 附件安装 3. 调试 4. 减振装置制作、安装

续表

项目编码	项目名称	项目特征	计量单位	工程量计算规则	工作内容
031006002	稳压给水设备	1. 设备名称 2. 型号、规格 3. 水泵主要技术参数 4. 附件名称、规格、数量 5. 减振装置形式	套	按设计图示数量计算	1. 设备安装 2. 附件安装 3. 调试 4. 减振装置制作、安装
031006003	无负压给水设备	1. 设备名称 2. 型号、规格 3. 水泵主要技术参数 4. 附件名称、规格、数量 5. 减振装置形式	套	按设计图示数量计算	1. 设备安装 2. 附件安装 3. 调试 4. 减振装置制作、安装
031006004	气压罐	1. 型号、规格 2. 安装方式	台	按设计图示数量计算	1. 安装 2. 调试
031006005	太阳能集热装置	1. 型号、规格 2. 安装方式 3. 附件名称、规格、数量	套	按设计图示数量计算	1. 安装 2. 附件安装
031006006	地源（水源、气源）热泵机组	1. 型号、规格 2. 安装方式 3. 减振装置形式	组	按设计图示数量计算	1. 安装 2. 减振装置制作、安装
031006007	除砂器	1. 型号、规格 2. 安装方式	台	按设计图示数量计算	安装
031006008	水处理器		台	按设计图示数量计算	安装
031006009	超声波灭藻设备	1. 类型 2. 型号、规格	台	按设计图示数量计算	
031006010	水质净化器		台	按设计图示数量计算	
031006011	紫外线杀菌设备	1. 名称 2. 规格	台	按设计图示数量计算	
031006012	热水器、开水炉	1. 能源种类 2. 型号、容积 3. 安装方式	台	按设计图示数量计算	1. 安装 2. 附件安装
031006013	消毒器、消毒锅	1. 类型 2. 型号、规格	台	按设计图示数量计算	安装
031006014	直饮水设备	1. 名称 2. 规格	套	按设计图示数量计算	
031006015	水箱	1. 材质、类型 2. 型号、规格	台	按设计图示数量计算	1. 制作 2. 安装

3. 采暖、空调水工程系统调试

采暖、空调水工程系统调试工程量清单项目设置、项目特征描述的内容、计量单位及工程量计算规则，应按表 7-36 的规定执行。

采暖、空调水工程系统调试（编码：031009）   表 7-36

项目编码	项目名称	项目特征	计量单位	工程量计算规则	工程内容
031009001	采暖工程系统调试	1. 系统形式 2. 采暖（空调水）管道工程量	系统	按采暖工程系统计算	系统调试
031009002	空调水工程系统调试			按空调水工程系统计算	

7.2.2 清单相关问题及说明

1. 供暖器具

（1）铸铁散热器，包括拉条制作安装。

（2）钢制散热器结构形式，包括钢制闭式、板式、壁板式、扁管式及柱式散热器等，应分别列项计算。

（3）光排管散热器，包括联管制作安装。

（4）地板辐射采暖，包括与分集水器连接和配合地面浇注用工。

2. 采暖、给水排水设备

（1）变频给水设备、稳压给水设备、无负压给水设备安装，说明。

1）压力容器包括气压罐、稳压罐、无负压罐；

2）水泵包括主泵及备用泵，应注明数量；

3）附件包括给水装置中配备的阀门、仪表、软接头，应注明数量，含设备、附件之间管路连接；

4）泵组底座安装，不包括基础砌（浇）筑，应按现行国家标准《房屋建筑与装饰工程工程量计算规范》GB 50854—2013 相关项目编码列项；

5）控制柜安装及电气接线、调试应按《通用安装工程工程量计算规范》GB 50856—2013 附录 D 电气设备安装工程相关项目编码列项。

（2）地源热泵机组，接管以及接管上的阀门、软接头、减振装置和基础另行计算，应按相关项目编码列项。

3. 采暖、空调水工程系统调试

（1）由采暖管道、管件、阀门、法兰、供暖器具组成采暖工程系统。

（2）由空调水管道、管件、阀门、法兰、冷水机组组成空调水工程系统。

（3）当采暖工程系统、空调水工程系统中管道工程量发生变化时，系统调试费用应作相应调整。

7.2.3 工程量清单计价实例

【例 7-39】某钢制闭式散热器如图 7-39 所示，试计算其工程量。

【解】

根据工程量计算规则，钢制闭式散热器工程量按设计图示数量计算。

钢制闭式散热器工程量 ＝ 1 片

该钢制闭式散热器工程量见表 7-37。

钢制闭式散热器工程量表   表 7-37

项目编码	项目名称	项目特征描述	计量单位	工程量
031005002001	钢制散热器	钢制闭式散热器，长翼型片	片	1

【**例 7-40**】某钢制节能板式散热器如图 7-40 所示，试计算其清单工程量。

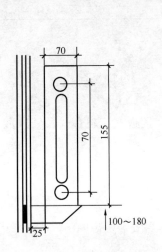

图 7-39 钢制闭式散热器示意图

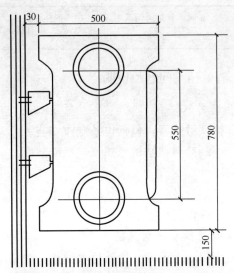

图 7-40 钢制节能板式散热器

【**解**】

钢制节能板式散热器工程量 ＝ 1 组

清单工程量计算见表 7-38。

清单工程量计算表   表 7-38

项目编码	项目名称	项目特征描述	计量单位	工程量
031005002001	钢制板式散热器	钢制节能板式散热器	组	1

【**例 7-41**】某住宅采用 B 型光排散热器（如图 7-41 所示），排管为五排，散热长度为 3.5m，散热高度为 500mm，排管管径为 $D57 \times 3.5$，散热器外刷红丹防锈漆两道，银粉两道。试计算其清单工程量。

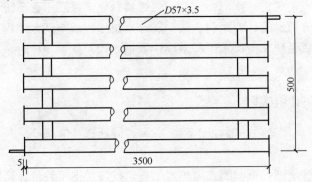

图 7-41 光排管散热器示意图

【解】

光排管散热器制作安装清单工程量 $= 3.5 \times 5 = 17.5$m

该钢制闲式散热器工程量见表 7-39。

清单工程量计算表 表 7-39

项目编码	项目名称	项目特征描述	计量单位	工程量
031005004001	光排管散热器制作安装	光排管散热器 B 型 $D57 \times 3.5$	m	17.5

【例 7-42】某光排管散热器如图 7-42 所示，试计算其工程量。

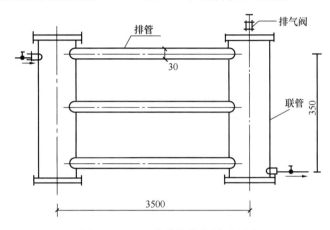

图 7-42 A 型光排管散热器示意图

【解】

光排管散热器工程量 $= 3.5 \times 3 = 10.5$m

清单工程量计算见表 7-40。

清单工程量计算表 表 7-40

项目编码	项目名称	项目特征描述	计量单位	工程量
031005004001	光排管散热器制作安装	A 型排管	m	10.5

【例 7-43】某室内热水采暖系统如图 7-43 所示，管材采用镀锌钢管，钢管刷两道红丹

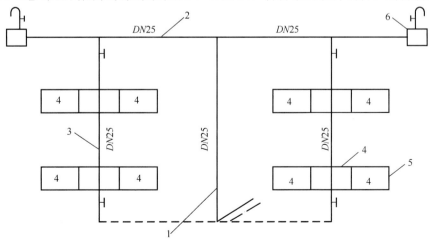

图 7-43 室内热水采暖系统（1∶100）

1—主立管；2—供热水平干管；3—立管；4—散热器支管；5—散热器；6—集气罐

防锈漆和两道银粉漆。除了散热器支管以外,其余管道均采用 DN25,散热器支管采用 DN20,长度与图上所量实际尺寸相照应,试计算该工程项目的清单工程量。

【解】

(1) 散热器

$$工程量=32 片$$

(2) 螺纹阀门(DN25)

$$工程量=4 个$$

(3) DN25 集气罐制作与安装

$$工程量=2 个$$

清单工程量计算见表 7-41。

清单工程量计算表 表 7-41

序号	项目编码	项目名称	项目特征描述	计量单位	工程量
1	031005001001	铸铁散热器	8 组,每组 4 片	片	32
2	031003001001	螺纹阀门	DN25	个	4
3	031005008001	集气罐	DN25	个	2

【例 7-44】某工程采暖系统其中的立管如图 7-44 所示,室内采暖管线采用镀锌钢管螺纹连接,刷两道红丹防锈漆和两道银粉,散热器平面布置图如图 7-45 所示,散热器采用柱型铸铁散热器,沿窗边布置。立管中心线与供水干管的距离为 0.3m,未跨越的散热器的进出水管中心距为 0.3m,试计算其清单工程量。

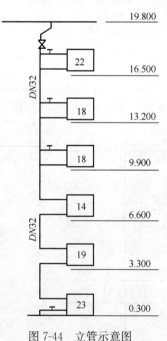

图 7-44 立管示意图　　　　　图 7-45 散热器平面布置图 (m)

【解】

(1) DN32 镀锌钢管立管

1) DN32 镀锌钢管立管长度

$$DN32\ 镀锌钢管立管长度 = (19.8 - 0.3)(标高差)$$
$$+ 0.3(立管中心线与供水干管的距离)$$
$$- 0.6 \times 3(未跨越的散热器的进出水管中心距)$$
$$= 18m$$

2) DN32 镀锌钢管支管管长度

$$DN32\ 镀锌钢管支管管长度 = [1.3(窗边侧距其内墙中心线的距离)$$
$$+ 0.05(乙字弯水平长度) - 0.12(半墙壁厚)$$
$$- 0.1(立管中心线距内墙面的距离)](单根支管的长度)$$
$$\times 2(每个散热器上有进出水两个支管) \times 6(层数)$$
$$= 13.56m$$

$$DN32\ 镀锌钢管工程量 = 18 + 13.56 = 31.56m$$

（2）铸铁散热器柱型

$$工程量 = 22 + 18 + 18 + 14 + 19 + 23 = 114\ 片$$

（3）DN32 螺纹阀门

$$DN32\ 螺纹阀门工程量 = 5\ 个$$

清单工程量计算见表 7-42。

清单工程量计算表　　　　　　　　　　　表 7-42

项目编码	项目名称	项目特征描述	计量单位	工程量
031001001001	镀锌钢管	镀锌钢管 DN32，室内安装，螺纹连接，刷两遍红丹防锈漆两遍银粉	m	31.56
031003001001	螺纹阀门	螺纹阀门，DN32	个	5
031005001001	铸铁散热器	铸铁散热器，柱型	片	114

【例 7-45】某大型办公场所采用暖风机进行采暖，暖风机布置如图 7-46 所示，暖风机为小型（NC）暖风机，质量在 100kg 以内，试计算其清单工程量。

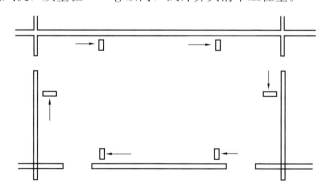

图 7-46　暖风机布置图

【解】

$$工程量 = 6\ 台$$

清单工程量计算见表 7-43。

清单工程量计算表　　　　　　　　　　　　　　　　表 7-43

项目编码	项目名称	项目特征描述	计量单位	工程量
031005005001	暖风机	小型（NC）暖风机	台	6

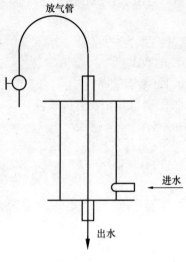

图 7-47　某立式集气罐

【例 7-46】如图 7-47 所示为某立式集气罐，试计算其清单工程量。

【解】集气罐清单工程量按设计图示数量计算。

集气罐制作与安装工程量＝1 个

清单工程量计算见表 7-44。

清单工程量计算表　　　　　　表 7-44

项目编号	项目名称	项目特征描述	计量单位	工程量
031005008001	集气罐	立式	个	1

【例 7-47】某变频给水设备水泵功率为 4.5hp，水泵最大流量为 150L/min，系统压力低于 2.2bar 时水泵自动启动，系统压力达到 7.0bar 时，水泵自动停机，气压罐预充压力为 2bar，选用 1 台气压罐，型号为 Y293-T5，图 7-48 所示为气压罐工作原理图，试计算其工程量。

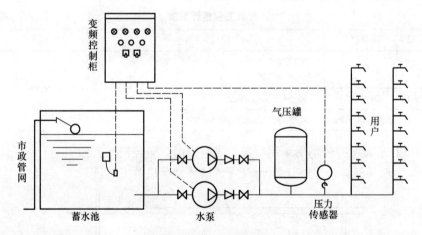

图 7-48　气压罐工作原理图

【解】根据工程量计算规则，变频给水设备工程量及气压罐工程量均按设计图示数量计算。

变频给水设备工程量＝1 套

气压罐工程量＝1 台

其工程量计算结果见表 7-45。

清单工程量计算表　　　　　　　　　　　　　　　　表 7-45

项目编码	项目名称	项目特征描述	计量单位	工程量
031006001001	变频给水设备	水泵功率 4.5hp，最大流量 150L/min，压力范围 2.2~7.0bar	套	1
031006004001	气压罐	型号 Y293-T5	台	1

7.3 燃气工程清单工程量计算及实例

7.3.1 工程量清单计价规则

燃气器具及其他工程量清单项目设置、项目特征描述的内容、计量单位及工程量计算规则，应按表 7-46 的规定执行。

燃气器具及其他（编码：031007）　　　　　　　表 7-46

项目编码	项目名称	项目特征	计量单位	工程量计算规则	工作内容
031007001	燃气开水炉	1. 型号、容量 2. 安装方式 3. 附件型号、规格	台	按设计图示数量计算	1. 安装 2. 附件安装
031007002	燃气采暖炉		台	按设计图示数量计算	
031007003	燃气沸水器、消毒器	1. 类型 2. 型号、容量 3. 安装方式 4. 附件型号、规格	台	按设计图示数量计算	
031007004	燃气热水器		台	按设计图示数量计算	
031007005	燃气表	1. 类型 2. 型号、规格 3. 连接方式 4. 托架设计要求	块（台）	按设计图示数量计算	1. 安装 2. 托架制作、安装
031007006	燃气灶具	1. 用途 2. 类型 3. 型号、规格 4. 安装方式 5. 附件型号、规格	台	按设计图示数量计算	1. 安装 2. 附件安装
031007007	气嘴	1. 单嘴、双嘴 2. 材质 3. 型号、规格 4. 连接形式	个	按设计图示数量计算	安装
031007008	调压器	1. 类型 2. 型号、规格 3. 安装方式	台	按设计图示数量计算	安装
031007009	燃气抽水缸	1. 材质 2. 规格 3. 连接形式	个	按设计图示数量计算	安装
031007010	燃气管道调长器	1. 规格 2. 压力等级 3. 连接形式	个	按设计图示数量计算	安装
031007011	调压箱、调压装置	1. 类型 2. 型号、规格 3. 安装部位	台	按设计图示数量计算	安装
031007012	引入口砌筑	1. 砌筑形式、材质 2. 保温、保护材料设计要求	处	按设计图示数量计算	1. 保温（保护）台砌筑 2. 填充保温（保护）材料

7.3.2　清单相关问题及说明

（1）沸水器、消毒器适用于容积式沸水器、自动沸水器、燃气消毒器等。

（2）燃气灶具适用于人工煤气灶具、液化石油气灶具、天然气燃气灶具等，用途应描述民用或公用，类型应描述所采用气源。

（3）调压箱、调压装置安装部位应区分室内、室外。

（4）引入口砌筑形式，应注明地上、地下。

7.3.3　工程量清单计价实例

【例 7-48】 某燃气工程有 1 台类型为 JL-150 的燃气开水炉，如图 7-49 所示，煤气连接采用焊接法兰阀连接，所用燃气表流量为 3.25m³/h，试计算其清单工程量。

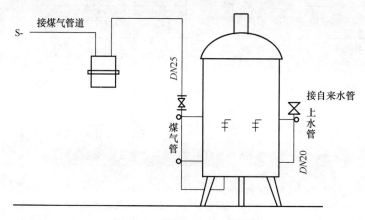

图 7-49　燃气开水炉示意图

【解】

燃气开水炉工程量＝1 台
燃气表工程量＝1 块

清单工程量计算表见表 7-47。

清单工程量计算表

表 7-47

项目编号	项目名称	项目特征描述	计量单位	工程量
031007001001	燃气开水炉	JL-150	台	1
031007005001	燃气表	流量为 3.25m³/h	块	1

【例 7-49】 某箱式燃气采暖炉，如图 7-50 所示，试计算其清单工程量。

【解】

燃气采暖炉工程量＝1 台

清单工程量计算见表 7-48。

清单工程量计算表

表 7-48

项目编号	项目名称	项目特征描述	计量单位	工程量
031007002001	燃气采暖炉	箱式	台	1

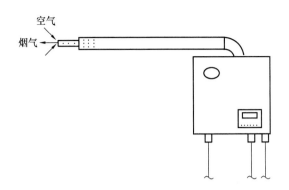

图 7-50 箱式燃气采暖炉

【例 7-50】某燃气炉户式采暖系统如图 7-51 所示，该采暖系统为双管制，散热器支管管径均为 20mm，该系统装有电表、水表、燃气表各 1 个，管道长度为所量图上距离。试计算其清单工程量。

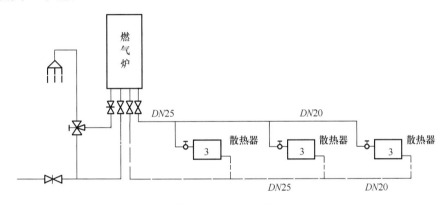

图 7-51 燃气炉户式采暖系统（1∶100）

【解】

（1）燃气采暖炉

$$燃气采暖炉工程量＝1 台$$

（2）阀门

1）截止阀 DN20

$$工程量＝3 个$$

2）闸阀 DN25

$$工程量＝2 个$$

（3）散热器

$$工程量＝3 组×3 片/组＝9 片$$

清单工程量计算见表 7-49。

清单工程量计算表   表 7-49

序号	项目编码	项目名称	项目特征描述	计量单位	工程量
1	031007002001	燃气采暖炉	户式	台	1
2	031003001001	螺纹阀门	截止阀，DN20	个	3

189

续表

序号	项目编码	项目名称	项目特征描述	计量单位	工程量
3	031003001002	螺纹阀门	闸阀，DN25	个	2
4	031005001001	铸铁散热器	散热器	片	9

【例7-51】某燃气炉户式采暖单管系统如图7-52所示，试计算该工程中有关采暖系统的清单工程量。

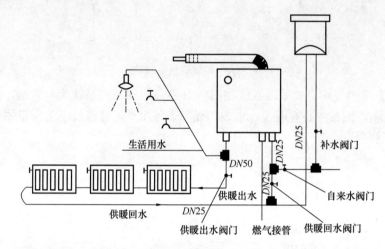

图7-52　燃气炉户式采暖单管系统（1:100）

【解】

（1）燃气采暖炉

$$燃气采暖炉工程量＝1台$$

（2）散热器

$$工程量＝3组×5片/组＝15片$$

（3）阀门DN25

$$工程量＝4个$$

清单工程量计算见表7-50。

清单工程量计算表　　　　　　　　　　　　表7-50

序号	项目编码	项目名称	项目特征描述	计量单位	工程量
1	031007002001	燃气采暖炉	按实际要求	台	1
2	031005001001	铸铁散热器	3组，每组5片	片	15
3	031003001001	螺纹阀门	DN25，螺纹连接	个	4

【例7-52】某饭店共有燃气灶具10台，计算该饭店燃气灶具的工程量。
【解】

$$燃气灶具的工程量＝8台$$

【例7-53】某一五层住宅楼厨房燃气管道需安装3个气嘴，计算该系统气嘴的工程量。
【解】

$$气嘴的工程量＝3个$$

【例7-54】某住宅燃气管道连接如图7-53所示，用户使用双眼灶具JZ-2，燃气表为2m³/h的单表头燃气表，使用平衡式快速热水器，室内管道为镀锌钢管DN20，试计算其清单工程量。

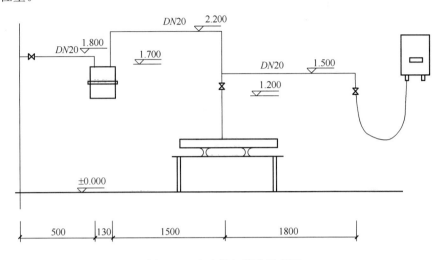

图7-53　室内燃气管道示意图

【解】

（1）镀锌钢管DN20

工程量 ＝（0.5＋1.5＋1.8）（水平管长度）＋[（1.8－1.7）＋（2.2－1.7）
　　　　＋（2.2－1.2）＋（1.5－1.2）]（竖直管长度）
　　　＝5.7m

（2）螺纹阀门旋塞阀DN20，球阀DN20

旋塞阀工程量＝2个

球阀工程量＝1个

（3）单表头燃气表2m³/h

工程量＝1块

（4）燃气快速热水器直排式

工程量＝1台

（5）气灶具

双眼灶具JZ-2 工程量＝1台

清单工程量计算见表7-51。

清单工程量计算表　　　　　　　　　　　　　　　　表7-51

项目编码	项目名称	项目特征描述	计量单位	工程量
031001001001	镀锌钢管	DN20	m	5.7
031003001001	旋塞阀	DN20	个	2
031003001002	球阀	DN20	个	1
031007005001	燃气表	单表头燃气表2m³/h	块	1
031007004001	燃气快速热水器	直排式	台	1
031007006001	燃气灶具	双眼灶具JZ-2	台	1

【例 7-55】如图 7-54 所示为液化石油气单瓶供应系统，试计算其清单工程量。

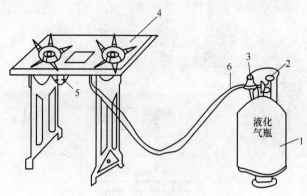

图 7-54 液化石油气单瓶供应系统图示
1—钢瓶；2—钢瓶角阀；3—调压器；4—燃具；
5—燃具开关；6—耐油胶管

【解】

$$燃气灶具工程量 = 1 台$$
$$螺纹阀门工程量 = 1 个$$
$$调压器工程量 = 1 个$$

此图示中液化石油气单瓶供应系统的清单工程量见表 7-52。

清单工程量计算表   表 7-52

项目编码	项目名称	项目特征描述	计量单位	工程量
031007006001	燃气灶具	双眼灶具	台	1
031003001001	螺纹阀门	钢瓶角阀	个	1
031007008001	调压器	DN50	个	1

【例 7-56】某砖砌蒸锅灶如图 7-55 所示，燃烧器负荷为 65kW，嘴数为 29 个，烟道为 160×210，煤气进入管采用规格为 DN25（焊接）镀锌钢管，试计算其清单工程量。

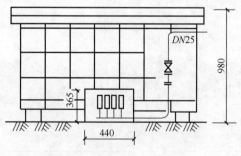

图 7-55 砖砌蒸锅灶示意图

【解】
（1）XN15 型单嘴内螺纹气嘴
工程量 = 29 个
（2）DN25 焊接法兰
工程量 = 1 副
（3）DN15 法兰旋塞阀
工程量 = 1 个
清单工程量计算表见表 7-53。

清单工程量计算表   表 7-53

项目编码	项目名称	项目特征描述	计量单位	工程量
031007007001	气嘴	XN15 型单嘴内螺纹气嘴	个	29
031003011001	焊接法兰	DN25	副	1
031003003001	法兰旋塞阀	DN15	个	1

【例 7-57】 某室内燃气管道局部如图 7-56 所示，燃气管道采用无缝钢管 $D219 \times 6$。外刷沥青底漆三层，夹玻璃布两层以防腐，试计算该管道清单工程量。

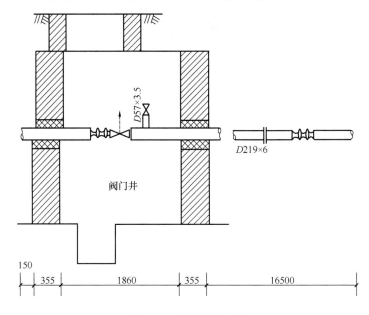

图 7-56 阀门井示意图

【解】

（1）燃气管道调长器 $DN200$

$$工程量 = 1 个$$

（2）焊接法兰阀 $DN50$

$$工程量 = 1 个$$

（3）法兰 $DN200$

$$工程量 = 1 副$$

（4）无缝钢管 $D219 \times 6$

$$工程量 = 0.15 + 0.355 + 1.86 + 0.355 + 16.5 = 19.22 m$$

清单工程量计算表见表 7-54。

清单工程量计算表 表 7-54

项目编码	项目名称	项目特征描述	计量单位	工程量
031007010001	燃气管道调长器	$DN200$	个	1
031003003001	焊接法兰阀门	$DN50$	个	1
031003011001	法兰	$DN200$	副	1
031001002001	钢管	$D219 \times 6$	m	19.22

8 安装工程工程量清单计价及编制

8.1 工程量清单

8.1.1 工程量清单的作用

工程量清单是工程量清单计价的基础，应当作为编制招标控制价、投标报价、计算工程量、支付工程款、调整合同价款、办理竣工结算、工程索赔等的依据之一，贯穿于整个施工过程中。

8.1.2 工程量清单项目规则设置

1. 项目编码

项目编码以五级编码设置，用十二位阿拉伯数字表示。一、二、三、四级为统一编码，共有九位；第五级编码分三位，由工程量清单编制人区分具体工程的清单项目特征分别编码。各级编码代表的含义如下：

(1) 第一级表示分类码，即附录顺序码（分两位），处于第一、第二位。

(2) 第二级表示章顺序码，即专业工程顺序码（分两位），处于第三、第四位。

(3) 第三级表示节顺序码，即分部工程顺序码（分两位），处于第五、第六位。

(4) 第四级表示清单项目码，即分项工程名称顺序码（分三位），处于第七、第八、第九位。

(5) 第五级表示具体清单项目码，即清单项目名称顺序码（分三位），处于第十、第十一、第十二位。

前九位编码不能变动，后三位编码，由清单编制人根据项目设置的清单项目编制。

2. 项目名称

项目名称原则上以形成工程实体而命名。项目名称如有缺项，招标人可按相应的原则进行补充，并报当地工程造价管理部门备案。

3. 项目特征

项目特征是对项目的准确描述，是影响价格的因素，是设置具体清单项目的依据。项目特征按不同的工程部位、施工工艺或材料品种、规格等分别列项。凡项目特征中未描述到的其他独有特征，由清单编制人视项目具体情况确定，以准确描述清单项目为准。

4. 计量单位

(1) 计量单位采用基本单位，除各专业另有特殊规定外，均按以下单位计算。

1) 以重量计算的项目——吨或千克（t 或 kg）。

2) 以体积计算的项目——立方米（m^3）。

3) 以面积计算的项目——平方米（m^2）。

4）以长度计算的项目——延长米（m）。

5）以自然计量单位计算的项目——个、套、块、樘、组、台、根等。

6）没有具体数量的项目——宗、项、系统等。

（2）各专业有特殊计量单位的，均在各专业篇说明或章说明中规定。

5．计算规则

（1）工程量计量规则是指对清单项目工程量的计算规定。

（2）投标人应按照招标人提供的工程量清单填报价格，其工程量必须与招标人提供的一致。

6．工程内容

（1）工程内容是指完成该清单项目可能发生的具体工程，可供招标人确定清单项目和投标人投标报价参考。

（2）凡工程内容中未列全的其他具体工程，由投标人按招标文件或图纸要求编制，以完成清单项目为准，综合考虑到报价中。

8.1.3 工程量清单编制

1．一般规定

（1）招标工程量清单应由具有编制能力的招标人或受其委托、具有相应资质的工程造价咨询人编制。

（2）招标工程量清单必须作为招标文件的组成部分，其准确性和完整性应由招标人负责。

（3）招标工程量清单是工程量清单计价的基础，应作为编制招标控制价、投标报价、计算或调整工程量、索赔等的依据之一。

（4）招标工程量清单应以单位（项）工程为单位编制，应由分部分项工程项目清单、措施项目清单、其他项目清单、规费和税金项目清单组成。

2．工程量清单编制依据

（1）《建设工程工程量清单计价规范》GB 50500—2013 和相关工程的国家计量规范。

（2）国家或省级、行业建设主管部门颁发的计价定额和办法。

（3）建设工程设计文件及相关资料。

（4）与建设工程有关的标准、规范、技术资料。

（5）拟定的招标文件。

（6）施工现场情况、地勘水文资料、工程特点及常规施工方案。

（7）其他相关资料。

3．工程量清单编制内容

（1）分部分项工程项目

1）分部分项工程项目清单必须载明项目编码、项目名称、项目特征、计量单位和工程量。

2）分部分项工程项目清单必须根据相关工程现行国家计量规范规定的项目编码、项目名称、项目特征、计量单位和工程量计算规则进行编制。

（2）措施项目

1）措施项目清单必须根据相关工程现行国家计量规范的规定编制。

2）措施项目清单应根据拟建工程的实际情况列项。

（3）其他项目

1）其他项目清单应按照下列内容列项：

① 暂列金额。

② 暂估价：包括材料暂估单价、工程设备暂估单价、专业工程暂估价。

③ 计日工。

④ 总承包服务费。

2）暂列金额应根据工程特点按有关计价规定估算。

3）暂估价中的材料、工程设备暂估单价应根据工程造价信息或参照市场价格估算，列出明细表；专业工程暂估价应分不同专业，按有关计价规定估算，列出明细表。

4）计日工应列出项目名称、计量单位和暂估数量。

5）总承包服务费应列出服务项目及其内容等。

6）出现第1）条未列的项目，应根据工程实际情况补充。

（4）规费

1）规费项目清单应按照下列内容列项：

① 社会保险费：包括养老保险费、失业保险费、医疗保险费、工伤保险费、生育保险费。

② 住房公积金。

③ 工程排污费。

2）出现第1）条未列的项目，应根据省级政府或省级有关部门的规定列项。

（5）税金

1）税金项目清单应包括下列内容：

① 营业税。

② 城市维护建设税。

③ 教育费附加。

④ 地方教育附加。

2）出现第1）条未列的项目，应根据税务部门的规定列项。

8.2 工程量清单计价

8.2.1 工程量清单计价常用术语及解释

工程量清单计价常用术语及解释见表8-1。

工程量清单计价常用术语及解释   表8-1

序号	术语名称	术语解释
1	工程量清单	载明建设工程分部分项工程项目、措施项目、其他项目的名称和相应数量以及规费、税金项目等内容的明细清单
2	招标工程量清单	招标人依据国家标准、招标文件、设计文件以及施工现场实际情况编制的，随招标文件发布供投标报价的工程量清单，包括其说明和表格

续表

序号	术语名称	术语解释
3	已标价工程量清单	构成合同文件组成部分的投标文件中已标明价格，经算术性错误修正（如有）且承包人已确认的工程量清单，包括其说明和表格
4	分部分项工程	分部工程是单项或单位工程的组成部分，是按结构部位、路段长度及施工特点或施工任务将单项或单位工程划分为若干分部的工程；分项工程是分部工程的组成部分，是按不同施工方法、材料、工序及路段长度等将分部工程划分为若干个分项或项目的工程
5	措施项目	为完成工程项目施工，发生于该工程施工准备和施工过程中的技术、生活、安全、环境保护等方面的项目
6	项目编码	分部分项工程和措施项目清单名称的阿拉伯数字标识
7	项目特征	构成分部分项工程项目、措施项目自身价值的本质特征
8	综合单价	完成一个规定清单项目所需的人工费、材料和工程设备费、施工机械使用费和企业管理费、利润以及一定范围内的风险费用
9	风险费用	隐含于已标价工程量清单综合单价中，用于化解发承包双方在工程合同中约定内容和范围内的市场价格波动风险的费用
10	工程成本	承包人为实施合同工程并达到质量标准，在确保安全施工的前提下，必须消耗或使用的人工、材料、工程设备、施工机械台班及其管理等方面发生的费用和按规定缴纳的规费和税金
11	单价合同	发承包双方约定以工程量清单及其综合单价进行合同价款计算、调整和确认的建设工程施工合同
12	总价合同	发承包双方约定以施工图及其预算和有关条件进行合同价款计算、调整和确认的建设工程施工合同
13	成本加酬金合同	发承包双方约定以施工工程成本再加合同约定酬金进行合同价款计算、调整和确认的建设工程施工合同
14	工程造价信息	工程造价管理机构根据调查和测算发布的建设工程人工、材料、工程设备、施工机械台班的价格信息，以及各类工程的造价指数、指标
15	工程造价指数	反映一定时期的工程造价相对于某一固定时期的工程造价变化程度的比值或比率。包括按单位或单项工程划分的造价指数，按工程造价构成要素划分的人工、材料、机械等价格指数
16	工程变更	合同工程实施过程中由发包人提出或由承包人提出经发包人批准的合同工程任何一项工作的增、减、取消或施工工艺、顺序、时间的改变；设计图纸的修改；施工条件的改变；招标工程量清单的错、漏从而引起合同条件的改变或工程量的增减变化
17	工程量偏差	承包人按照合同工程的图纸（含经发包人批准由承包人提供的图纸）实施，按照现行国家计量规范规定的工程量计算规则计算得到的完成合同工程项目应予计量的工程量与相应的招标工程量清单项目列出的工程量之间出现的量差
18	暂列金额	招标人在工程量清单中暂定并包括在合同价款中的一笔款项。用于工程合同签订时尚未确定或者不可预见的所需材料、工程设备、服务的采购，施工中可能发生的工程变更、合同约定调整因素出现时的合同价款调整以及发生的索赔、现场签证确认等的费用
19	暂估价	招标人在工程量清单中提供的用于支付必然发生但暂时不能确定价格的材料、工程设备的单价以及专业工程的金额
20	计日工	在施工过程中，承包人完成发包人提出的工程合同范围以外的零星项目或工作，按合同中约定的单价计价的一种方式
21	总承包服务费	总承包人为配合协调发包人进行的专业工程发包，对发包人自行采购的材料、工程设备等进行保管以及施工现场管理、竣工资料汇总整理等服务所需的费用
22	安全文明施工费	在合同履行过程中，承包人按照国家法律、法规、标准等规定，为保证安全施工、文明施工，保护现场内外环境和搭拆临时设施等所采用的措施而发生的费用
23	索赔	在工程合同履行过程中，合同当事人一方因非己方的原因遭受损失，按合同约定或法律法规规定应由对方承担责任，从而向对方提出补偿的要求
24	现场签证	发包人现场代表（或其授权的监理人、工程造价咨询人）与承包人现场代表就施工过程中涉及的责任事件所作的签认证明

序号	术语名称	术语解释
25	提前竣工（赶工）费	承包人应发包人的要求而采取加快工程进度措施，使合同工程工期缩短，由此产生的应由发包人支付的费用
26	误期赔偿费	承包人未按照合同工程的计划进度施工，导致实际工期超过合同工期（包括经发包人批准的延长工期），承包人应向发包人赔偿损失的费用
27	不可抗力	发承包双方在工程合同签订时不能预见的，对其发生的后果不能避免，并且不能克服的自然灾害和社会性突发事件
28	工程设备	指构成或计划构成永久工程一部分的机电设备、金属结构设备、仪器装置及其他类似的设备和装置
29	缺陷责任期	指承包人对已交付使用的合同工程承担合同约定的缺陷修复责任的期限
30	质量保证金	发承包双方在工程合同中约定，从应付合同价款中预留，用以保证承包人在缺陷责任期内履行缺陷修复义务的金额
31	费用	承包人为履行合同所发生或将要发生的所有合理开支，包括管理费和应分摊的其他费用，但不包括利润
32	利润	承包人完成合同工程获得的盈利
33	企业定额	施工企业根据本企业的施工技术、机械装备和管理水平而编制的人工、材料和施工机械台班等的消耗标准
34	规费	根据国家法律、法规规定，由省级政府或省级有关权力部门规定施工企业必须缴纳的，应计入建筑安装工程造价的费用
35	税金	国家税法规定的应计入建筑安装工程造价内的营业税、城市维护建设税、教育费附加和地方教育附加
36	发包人	具有工程发包主体资格和支付工程价款能力的当事人以及取得该当事人资格的合法继承人，《建设工程工程量清单计价规范》GB 50500—2013 有时又称招标人
37	承包人	被发包人接受的具有工程施工承包主体资格的当事人以及取得该当事人资格的合法继承人，《建设工程工程量清单计价规范》GB 50500—2013 有时又称投标人
38	工程造价咨询人	取得工程造价咨询资质等级证书，接受委托从事建设工程造价咨询活动的当事人以及取得该当事人资格的合法继承人
39	造价工程师	取得造价工程师注册证书，在一个单位注册、从事建设工程造价活动的专业人员
40	造价员	取得全国建设工程造价员资格证书，在一个单位注册、从事建设工程造价活动的专业人员
41	单价项目	工程量清单中以单价计价的项目，即根据合同工程图纸（含设计变更）和相关工程现行国家计量规范规定的工程量计算规则进行计量，与已标价工程量清单相应综合单价进行价款计算的项目
42	总价项目	工程量清单中以总价计价的项目，即此类项目在相关工程现行国家计量规范中无工程量计算规则，以总价（或计算基础乘费率）计算的项目
43	工程计量	发承包双方根据合同约定，对承包人完成合同工程的数量进行的计算和确认
44	工程结算	发承包双方根据合同约定，对合同工程在实施中、终止时、已完工后进行的合同价款计算、调整和确认。包括期中结算、终止结算、竣工结算
45	招标控制价	招标人根据国家或省级、行业建设主管部门颁发的有关计价依据和办法，以及拟定的招标文件和招标工程量清单，结合工程具体情况编制的招标工程的最高投标限价
46	投标价	投标人投标时响应招标文件要求所报出的对已标价工程量清单汇总后标明的总价
47	签约合同价（合同价款）	发承包双方在工程合同中约定的工程造价，即包括了分部分项工程费、措施项目费、其他项目费、规费和税金的合同总金额
48	预付款	在开工前，发包人按照合同约定，预先支付给承包人用于购买合同工程施工所需的材料、工程设备，以及组织施工机械和人员进场等的款项
49	进度款	在合同工程施工过程中，发包人按照合同约定对付款周期内承包人完成的合同价款给予支付的款项，也是合同价款期中结算支付

序号	术语名称	术语解释
50	合同价款调整	在合同价款调整因素出现后，发承包双方根据合同约定，对合同价款进行变动的提出、计算和确认
51	竣工结算价	发承包双方依据国家有关法律、法规和标准规定，按照合同约定确定的，包括在履行合同过程中按合同约定进行的合同价款调整，是承包人按合同约定完成了全部承包工作后，发包人应付给承包人的合同总金额
52	工程造价鉴定	工程造价咨询人接受人民法院、仲裁机关委托，对施工合同纠纷案件中的工程造价争议，运用专门知识进行鉴别、判断和评定，并提供鉴定意见的活动。也称为工程造价司法鉴定

8.2.2 工程量清单计价一般规定

1. 计价方式

（1）使用国有资金投资的建设工程发承包，必须采用工程量清单计价。

（2）非国有资金投资的建设工程，宜采用工程量清单计价。

（3）工程量清单应当采用综合单价计价。

（4）不采用工程量清单计价的建设工程，应当执行《建设工程工程量清单计价规范》GB 50500—2013 除了工程量清单等专门性规定外的其他规定。

（5）措施项目中的安全文明施工费必须按照国家或省级、行业建设主管部门的规定计算。不得作为竞争性费用。

（6）规费和税金必须按照国家或是省级、行业建设主管部门的规定计算。不得作为竞争性费用。

2. 发包人提供材料和工程设备

（1）发包人提供的材料和工程设备（以下简称甲供材料）应当在招标文件中按照《建设工程工程量清单计价规范》GB 50500—2013 附录 L.1 的规定填写《发包人提供材料和工程设备一览表》，写明甲供材料的名称、数量、规格、单价、交货方式、交货地点等。承包人投标时，甲供材料单价应当计入相应项目的综合单价中，签约后，发包人应当按照合同约定扣除甲供材料款，不予支付。

（2）承包人应当根据合同工程进度计划的安排，向发包人提交甲供材料交货的日期计划。发包人按照计划提供。

（3）发包人提供的甲供材料如规格、数量或质量不符合合同要求，或因发包人原因发生交货日期的延误、交货地点及交货方式的变更等情况，发包人应当承担由此增加的费用和（或）工期延误，并应当向承包人支付合理利润。

（4）发承包双方对甲供材料的数量发生争议无法达成一致的，应当按照相关工程的计价定额同类项目规定的材料消耗量计算。

（5）如果发包人要求承包人采购已在招标文件中确定为甲供材料，材料价格应当由发承包双方根据市场调查确定，并应当另行签订补充协议。

3. 承包人提供材料和工程设备

（1）除了合同约定的发包人提供的甲供材料外，合同工程所需要的材料和工程设备应当由承包人提供，承包人提供的材料和工程设备均应当由承包人负责采购、运输以及保管。

（2）承包人应当按照合同约定将采购材料和工程设备的供货人以及品种、规格、数量和供货时间等提交发包人确认，并负责提供材料和工程设备的质量证明文件，满足合同约定的质量标准。

（3）对承包人提供的材料和工程设备经检测不符合合同约定的质量标准，发包人应立即要求承包人更换，由此增加的费用和（或）工期延误应由承包人承担。对发包人要求检测承包人已具有合格证明的材料、工程设备，但经检测证明该项材料、工程设备符合合同约定的质量标准，发包人应承担由此增加的费用和（或）工期延误，并向承包人支付合理利润。

4. 计价风险

（1）建设工程发承包。必须在招标文件、合同中明确计价中的风险内容及其范围。不得采用无限风险、所有风险或类似语句规定计价中的风险内容及范围。

（2）由于下列因素出现，影响合同价款调整的，应由发包人承担：

1）国家法律、法规、规章和政策发生变化。

2）省级或行业建设主管部门发布的人工费调整，但承包人对人工费或人工单价的报价高于发布的除外。

3）由政府定价或政府指导价管理的原材料等价格进行了调整。

（3）由于市场物价波动影响合同价款的，应由发承包双方合理分摊，按《建设工程工程量清单计价规范》GB 50500—2013 中附录 L.2 或 L.3 填写《承包人提供主要材料和工程设备一览表》作为合同附件；当合同中没有约定，发承包双方发生争议时，应按"物价变化"的规定调整合同价款。

（4）由于承包人使用机械设备、施工技术以及组织管理水平等自身原因造成施工费用增加的，应由承包人全部承担。

（5）当不可抗力发生，影响合同价款时，应按"合同价款调整"中"不可抗力"的规定执行。

8.2.3　推行工程量清单计价的意义

工程量清单计价是指依据招标文件中的工程量清单，由投标人根据自身的技术装备水平、管理水平、市场价格信息等自主报价的一种报价模式，推行工程量清单计价方式的意义有以下几点：

（1）我国目前推行工程量清单计价办法，目的就是由招标人提供工程量清单，由投标人对工程量清单复核，结合企业管理水平、技术装备、施工组织措施等，依照市场价格水平、行业成本水平及所掌握的价格信息，让企业自主报价。

（2）推行工程量清单计价方式也向企业提出了更高的要求，即企业要获得最佳效益，就必须不断改进施工技术，合理调配资源，降低各种消耗，更新观念，不断提高企业的经营水平，并要求企业不断挖掘潜力，积极采用新技术、新工艺、新材料，通过科学技术不断创新，努力降低成本，保证企业在激烈的市场竞争中立于不败之地。

（3）工程量清单计价通过工程量清单的统一提供方式，使构成工程造价的各项要素如人工费、材料费、机械费、管理费、措施费、利润等的最终定价全交给企业。

（4）推行工程量清单计价方式有利于提高工程建设管理能力，促进国内企业向高素质、高水平、科学管理的方向发展。

（5）工程量清单推行计价方式，使我国的计价依据逐步与国际惯例接轨，有利于提高国内建设方参与国际化竞争的能力。

8.3　工程量清单计价编制

8.3.1　招标控制价

1. 一般规定

（1）国有资金投资的建设工程招标。招标人必须编制招标控制价。

（2）招标控制价应由具有编制能力的招标人或受其委托具有相应资质的工程造价咨询人编制和复核。

（3）工程造价咨询人接受招标人委托编制招标控制价，不得再就同一工程接受投标人委托编制投标报价。

（4）当招标控制价超过批准的概算时，招标人应将其报原概算审批部门审核。

（5）招标人应在发布招标文件时公布招标控制价，同时应将招标控制价及有关资料报送工程所在地或有该工程管辖权的行业管理部门工程造价管理机构备查。

2. 招标控制价编制与复核

（1）招标控制价应根据下列依据编制与复核：

1）《建设工程工程量清单计价规范》GB 50500－2013；

2）国家或省级、行业建设主管部门颁发的计价定额和计价办法；

3）建设工程设计文件及相关资料；

4）拟定的招标文件及招标工程量清单；

5）与建设项目相关的标准、规范、技术资料；

6）施工现场情况、工程特点及常规施工方案；

7）工程造价管理机构发布的工程造价信息，当工程造价信息没有发布时，参照市场价；

8）其他的相关资料。

（2）综合单价中应包括招标文件中划分的应由投标人承担的风险范围及其费用。招标文件中没有明确的，如是工程造价咨询人编制，应提请招标人明确；如是招标人编制，应予明确。

（3）分部分项工程和措施项目中的单价项目，应根据拟定的招标文件和招标工程量清单项目中的特征描述及有关要求确定综合单价计算。

（4）措施项目中的总价项目应根据拟定的招标文件和常规施工方案按下列规定计价：

1）工程量清单应采用综合单价计价。

2）措施项目中的安全文明施工费必须按国家或省级、行业建设主管部门的规定计算，不得作为竞争性费用。

（5）其他项目应按下列规定计价：

1）暂列金额应按招标工程量清单中列出的金额填写；

2）暂估价中的材料、工程设备单价应按招标工程量清单中列出的单价计入综合单价；

3）暂估价中的专业工程金额应按招标工程量清单中列出的金额填写；

4）计日工应按招标工程量清单中列出的项目根据工程特点和有关计价依据确定综合单价计算；

5）总承包服务费应根据招标工程量清单列出的内容和要求估算。

（6）规费和税金必须按国家或省级、行业建设主管部门的规定计算，不得作为竞争性费用。

3. 招标控制价投诉与处理

（1）投标人经复核认为招标人公布的招标控制价未按照《建设工程工程量清单计价规范》GB 50500—2013 的规定进行编制的，应在招标控制价公布后 5 天内向招投标监督机构和工程造价管理机构投诉。

（2）投诉人投诉时，应当提交由单位盖章和法定代表人或其委托人签名或盖章的书面投诉书。投诉书应包括下列内容：

1）投诉人与被投诉人的名称、地址及有效联系方式；

2）投诉的招标工程名称、具体事项及理由；

3）投诉依据及有关证明材料；

4）相关的请求及主张。

（3）投诉人不得进行虚假、恶意投诉，阻碍招投标活动的正常进行。

（4）工程造价管理机构在接到投诉书后应在 2 个工作日内进行审查，对有下列情况之一的，不予受理：

1）投诉人不是所投诉招标工程招标文件的收受人；

2）投诉书提交的时间不符合第（1）条规定的；

3）投诉书不符合第（2）条规定的；

4）投诉事项已进入行政复议或行政诉讼程序的。

（5）工程造价管理机构应在不迟于结束审查的次日将是否受理投诉的决定书面通知投诉人、被投诉人以及负责该工程招投标监督的招投标管理机构。

（6）工程造价管理机构受理投诉后，应立即对招标控制价进行复查，组织投诉人、被投诉人或其委托的招标控制价编制人等单位人员对投诉问题逐一核对。有关当事人应当予以配合，并应保证所提供资料的真实性。

（7）工程造价管理机构应当在受理投诉的 10 天内完成复查，特殊情况下可适当延长，并作出书面结论通知投诉人、被投诉人及负责该工程招投标监督的招投标管理机构。

（8）当招标控制价复查结论与原公布的招标控制价误差大于±3％时，应当责成招标人改正。

（9）招标人根据招标控制价复查结论需要重新公布招标控制价的，其最终公布的时间至招标文件要求提交投标文件截止时间不足 15 天的，应相应延长投标文件的截止时间。

8.3.2 投标报价

1. 一般规定

（1）投标价应由投标人或受其委托具有相应资质的工程造价咨询人编制。

（2）投标人应自主确定投标报价。

（3）投标报价不得低于工程成本。

（4）投标人必须按招标工程量清单填报价格。项目编码、项目名称、项目特征、计量单位、工程量必须与招标工程量清单一致。

（5）投标人的投标报价高于招标控制价的应予废标。

2. 投标报价编制依据

（1）《建设工程工程量清单计价规范》GB 50500—2013；

（2）国家或省级、行业建设主管部门颁发的计价办法；

（3）企业定额，国家或省级、行业建设主管部门颁发的计价定额和计价办法；

（4）招标文件、招标工程量清单及其补充通知、答疑纪要；

（5）建设工程设计文件及相关资料；

（6）施工现场情况、工程特点及投标时拟定的施工组织设计或施工方案；

（7）与建设项目相关的标准、规范等技术资料；

（8）市场价格信息或工程造价管理机构发布的工程造价信息；

（9）其他的相关资料。

3. 投标报价编制与复核

（1）综合单价中应包括招标文件中划分的应由投标人承担的风险范围及其费用，招标文件巾中没有明确的，应提请招标人明确。

（2）分部分项工程和措施项目中的单价项目，应根据招标文件和招标工程量清单项目中的特征描述确定综合单价计算。

（3）措施项同中的总价项目金额应根据招标文件及投标时拟定的施工组织设计或施工方案，按相关规定自主确定。其中安全文明施工费必须按国家或省级、行业建设主管部门的规定计算，不得作为竞争性费用。

（4）其他项目应按下列规定报价：

1）暂列金额应按招标工程量清单中列出的金额填写；

2）材料、工程设备暂估价应按招标工程量清单中列出的单价计入综合单价；

3）专业工程暂估价应按招标工程量清单中列出的金额填写；

4）计日工应按招标工程量清单中列出的项目和数量，自主确定综合单价并计算计日工金额；

5）总承包服务费应根据招标工程量清单中列出的内容和提出的要求自主确定。

（5）规费和税金必须按国家或省级、行业建设主管部门的规定计算，不得作为竞争性费用。

（6）招标工程量清单与计价表中列明的所有需要填写单价和合价的项目，投标人均应填写且只允许有一个报价。未填写单价和合价的项目，可视为此项费用已包含在已标价工程量清单中其他项目的单价和合价之中。当竣工结算时，此项目不得重新组价予以调整。

（7）投标总价应当与分部分项工程费、措施项目费、其他项目费和规费、税金的合计金额一致。

8.3.3　价款结算

1. 合同价款约定

（1）一般规定

1) 实行招标的工程合同价款应在中标通知书发出之日起 30 天内，由发承包双方依据招标文件和中标人的投标文件在书面合同中约定。

合同约定不得违背招标、投标文件中关于工期、造价、质量等方面的实质性内容。招标文件与中标人投标文件不一致的地方，应以投标文件为准。

2) 不实行招标的工程合同价款，应在发承包双方认可的工程价款基础上，由发承包双方在合同中约定。

3) 实行工程量清单计价的工程，应采用单价合同；建设规模较小，技术难度较低，工期较短，且施工图设计已审查批准的建设工程可采用总价合同；紧急抢险、救灾以及施工技术特别复杂的建设工程可采用成本加酬金合同。

（2）约定内容

1) 发承包双方应在合同条款中对下列事项进行约定：

① 预付工程款的数额、支付时间及抵扣方式；

② 安全文明施工措施的支付计划，使用要求等；

③ 工程计量与支付工程进度款的方式、数额及时间；

④ 工程价款的调整因素、方法、程序、支付及时间；

⑤ 施工索赔与现场签证的程序、金额确认与支付时间；

⑥ 承担计价风险的内容、范围以及超出约定内容、范围的调整办法；

⑦ 工程竣工价款结算编制与核对、支付及时间；

⑧ 工程质量保证金的数额、预留方式及时间；

⑨ 违约责任以及发生合同价款争议的解决方法及时间；

⑩ 与履行合同、支付价款有关的其他事项等。

2) 合同中没有按照第 1）条的要求约定或约定不明的，若发承包双方在合同履行中发生争议由双方协商确定；当协商不能达成一致时，应按《建设工程工程量清单计价规范》GB 50500—2013 的规定执行。

2. 工程计量

（1）单价合同的计量

1) 工程量必须以承包人完成合同工程应予计量的工程量确定。

2) 施工中进行工程计量，当发现招标工程量清单中出现缺项、工程量偏差，或因工程变更引起工程量增减时，应按承包人在履行合同义务中完成的工程量计算。

3) 承包人应当按照合同约定的计量周期和时间向发包人提交当期已完工程量报告。发包人应在收到报告后 7 天内核实，并将核实计量结果通知承包人。发包人未在约定时间内进行核实的，承包人提交的计量报告中所列的工程量应视为承包人实际完成的工程量。

4) 发包人认为需要进行现场计量核实时，应在计量前 24 小时通知承包人，承包人应为计量提供便利条件并派人参加。当双方均同意核实结果时，双方应在上述记录上签字确认。承包人收到通知后不派人参加计量，视为认可发包人的计量核实结果。发包人不按照约定时间通知承包人，致使承包人未能派人参加计量，计量核实结果无效。

5) 当承包人认为发包人核实后的计量结果有误时，应在收到计量结果通知后的 7 天内向发包人提出书面意见，并应附上其认为正确的计量结果和详细的计算资料。发包人收到书面意见后，应在 7 天内对承包人的计量结果进行复核后通知承包人。承包人对复核计量结果仍有异议的，按照合同约定的争议解决办法处理。

6）承包人完成已标价工程量清单中每个项目的工程量并经发包人核实无误后，发承包双方应对每个项目的历次计量报表进行汇总，以核实最终结算工程量，并应在汇总表上签字确认。

（2）总价合同的计量

1）采用经审定批准的施工图纸及其预算方式发包形成的总价合同，除按照工程变更规定的工程量增减外，总价合同各项目的工程量应为承包人用于结算的最终工程量。

2）总价合同约定的项目计量应以合同工程经审定批准的施工图纸为依据，发承包双方应在合同中约定工程计量的形象目标或时间节点进行计量。

3）承包人应在合同约定的每个计量周期内对已完成的工程进行计量，并向发包人提交达到工程形象目标完成的工程量和有关计量资料的报告。

4）发包人应在收到报告后7天内对承包人提交的上述资料进行复核，以确定实际完成的工程量和工程形象目标。对其有异议的，应通知承包人进行共同复核。

3. 合同价款调整

（1）一般规定

1）下列事项（但不限于）发生，发承包双方应当按照合同约定调整合同价款：

① 法律法规变化；

② 工程变更；

③ 项目特征不符；

④ 工程量清单缺项；

⑤ 工程量偏差；

⑥ 计日工；

⑦ 物价变化；

⑧ 暂估价；

⑨ 不可抗力；

⑩ 提前竣工（赶工补偿）；

⑪ 误期赔偿；

⑫ 索赔；

⑬ 现场签证；

⑭ 暂列金额；

⑮ 发承包双方约定的其他调整事项。

2）出现合同价款调增事项（不含工程量偏差、计日工、现场签证、索赔）后的14天内，承包人应向发包人提交合同价款调增报告并附上相关资料；承包人在14天内未提交合同价款调增报告的，应视为承包人对该事项不存在调整价款请求。

3）出现合同价款调减事项（不含工程量偏差、索赔）后的14天内，发包人应向承包人提交合同价款调减报告并附相关资料；发包人在14天内未提交合同价款调减报告的，应视为发包人对该事项不存在调整价款请求。

4）发（承）包人应在收到承（发）包人合同价款调增（减）报告及相关资料之日起14天内对其核实，予以确认的应书面通知承（发）包人。当有疑问时，应向承（发）包人提出协商意见。发（承）包人在收到合同价款调增（减）报告之日起 14 天内未确认也未提出协商意见的，应视为承（发）包人提交的合同价款调增（减）报告已被发（承）包人认可。发（承）包人提出协商意见的，承（发）包人应在收到协商意见后的 14 天内对其核实，予以确认的应书面通知发（承）包人。承（发）包人在收到发（承）包人的协商意见后 14 天内既不确认也未提出不同意见的，应视为发（承）包人提出的意见已被承（发）包人认可。

5）发包人与承包人对合同价款调整的不同意见不能达成一致的，只要对发承包双方履约不产生实质影响，双方应继续履行合同义务，直到其按照合同约定的争议解决方式得到处理。

6）经发承包双方确认调整的合同价款，作为追加（减）合同价款，应与工程进度款或结算款同期支付。

（2）法律法规变化

1）招标工程以投标截止日前 28 天、非招标工程以合同签订前 28 天为基准日，其后因国家的法律、法规、规章和政策发生变化引起工程造价增减变化的，发承包双方应按照省级或行业建设主管部门或其授权的工程造价管理机构据此发布的规定调整合同价款。

2）因承包人原因导致工期延误的，按第 1）条规定的调整时间，在合同工程原定竣工时间之后，合同价款调增的不予调整，合同价款调减的予以调整。

（3）工程变更

1）因工程变更引起已标价工程量清单项目或其工程数量发生变化时，应按照下列规定调整：

① 已标价工程量清单中有适用于变更工程项目的，应采用该项目的单价；但当工程变更导致该清单项目的工程数量发生变化且工程量偏差超过 15％时，该项目单价应按照工程量偏差第 2）条的规定调整。

② 已标价工程量清单中没有适用但有类似于变更工程项目的，可在合理范围内参照类似项目的单价。

③ 已标价工程量清单中没有适用也没有类似于变更工程项目的，应由承包人根据变更工程资料、计量规则和计价办法、工程造价管理机构发布的信息价格和承包人报价浮动率提出变更工程项目的单价，并应报发包人确认后调整。承包人报价浮动率可按下列公式计算：

招标工程：
$$承包人报价浮动率 L = （1 - 中标价 / 招标控制价）\times 100\% \qquad (8-1)$$
非招标工程：
$$承包人报价浮动率 L = （1 - 报价 / 施工图预算）\times 100\% \qquad (8-2)$$

④ 已标价工程量清单中没有适用也没有类似于变更工程项目，且工程造价管理机构发布的信息价格缺价的，应由承包人根据变更工程资料、计量规则、计价办法和通过市场调查等取得有合法依据的市场价格提出变更工程项目的单价，并应报发包人确认后调整。

2）工程变更引起施工方案改变并使措施项目发生变化时，承包人提出调整措施项目费的，应事先将拟实施的方案提交发包人确认，并应详细说明与原方案措施项目相比的变化情况。拟实施的方案经发承包双方确认后执行，并应按照下列规定调整措施项目费：

① 安全文明施工费应按照实际发生变化的措施项目依据国家或省级、行业建设主管部门的规定计算。

② 采用单价计算的措施项目费，应按照实际发生变化的措施项目，按1）的规定确定单价。

③ 按总价（或系数）计算的措施项目费，按照实际发生变化的措施项目调整，但应考虑承包人报价浮动因素，即调整金额按照实际调整金额乘以1）规定的承包人报价浮动率计算。

如果承包人未事先将拟实施的方案提交给发包人确认，则应视为工程变更不引起措施项目费的调整或承包人放弃调整措施项目费的权利。

3）当发包人提出的工程变更因非承包人原因删减了合同中的某项原定工作或工程，致使承包人发生的费用或（和）得到的收益不能被包括在其他已支付或应支付的项目中，也未被包含在任何替代的工作或工程中时，承包人有权提出并应得到合理的费用及利润补偿。

（4）项目特征不符

1）发包人在招标工程量清单中对项目特征的描述，应被认为是准确的和全面的，并且与实际施工要求相符合。承包人应按照发包人提供的招标工程量清单，根据项目特征描述的内容及有关要求实施合同工程，直到项目被改变为止。

2）承包人应按照发包人提供的设计图纸实施合同工程，若在合同履行期间出现设计图纸（含设计变更）与招标工程量清单任一项目的特征描述不符，且该变化引起该项目工程造价增减变化的，应按照实际施工的项目特征，按工程变更相关条款的规定重新确定相应工程量清单项目的综合单价，并调整合同价款。

（5）工程量清单缺项

1）合同履行期间，由于招标工程量清单中缺项，新增分部分项工程清单项目的，应按照相关规定确定单价，并调整合同价款。

2）新增分部分项工程清单项目后，引起措施项目发生变化的，应根据工程变更第2）条的规定，在承包人提交的实施方案被发包人批准后调整合同价款。

3）由于招标工程量清单中措施项目缺项，承包人应将新增措施项目实施方案提交发包人批准后，按照工程变更第1）条、第2）条的规定调整合同价款。

（6）工程量偏差

1）合同履行期间，当应予计算的实际工程量与招标工程量清单出现偏差，且符合下列2）、3）条规定时，发承包双方应调整合同价款。

2）对于任一招标工程量清单项目，当因本节规定的工程量偏差和工程变更规定的工程变更等原因导致工程量偏差超过15%时，可进行调整。当工程量增加15%以上时，增加部分的工程量的综合单价应予调低；当工程量减少15%以上时，减少后剩余部分的工程量的综合单价应予调高。

3）当工程量出现上述2）条的变化，且该变化引起相关措施项目相应发生变化时，按系数或单一总价方式计价的，工程量增加的措施项目费调增，工程量减少的措施项目费调减。

（7）计日工

1）发包人通知承包人以计日工方式实施的零星工作，承包人应予执行。

2）采用计日工计价的任何一项变更工作，在该项变更的实施过程中，承包人应按合同约定提交下列报表和有关凭证送发包人复核：

① 工作名称、内容和数量；

② 投入该工作所有人员的姓名、工种、级别和耗用工时；

③ 投入该工作的材料名称、类别和数量；

④ 投入该工作的施工设备型号、台数和耗用台时；

⑤ 发包人要求提交的其他资料和凭证。

3）任一计日工项目持续进行时，承包人应在该项工作实施结束后的 24 小时内向发包人提交有计日工记录汇总的现场签证报告一式三份。发包人在收到承包人提交现场签证报告后的 2 天内予以确认并将其中一份返还给承包人，作为计日工计价和支付的依据。发包人逾期未确认也未提出修改意见的，应视为承包人提交的现场签证报告已被发包人认可。

4）任一计日工项目实施结束后，承包人应按照确认的计日工现场签证报告核实该类项目的工程数量，并应根据核实的工程数量和承包人已标价工程量清单中的计日工单价计算，提出应付价款；已标价工程量清单中没有该类计日工单价的，由发承包双方按工程变更的规定商定计日工单价计算。

5）每个支付期末，承包人应按照进度款的规定向发包人提交本期间所有计日工记录的签证汇总表，并应说明本期间自己认为有权得到的计日工金额，调整合同价款，列入进度款支付。

（8）物价变化

1）合同履行期间，因人工、材料、工程设备、机械台班价格波动影响合同价款时，应根据合同约定，按《建设工程工程量清单计价规范》GB 50500－2013 附录 A 的方法之一调整合同价款。

2）承包人采购材料和工程设备的，应在合同中约定主要材料、工程设备价格变化的范围或幅度；当没有约定，且材料、工程设备单价变化超过 5％时，超过部分的价格应按照《建设工程工程量清单计价规范》GB 50500－2013 附录 A 的方法计算调整材料、工程设备费。

3）发生合同工程工期延误的，应按照下列规定确定合同履行期的价格调整：

① 因非承包人原因导致工期延误的，计划进度日期后续工程的价格，应采用计划进度日期与实际进度日期两者的较高者。

② 因承包人原因导致工期延误的，计划进度日期后续工程的价格，应采用计划进度日期与实际进度日期两者的较低者。

4）发包人供应材料和工程设备的，不适用上述 1）、2）条规定，应由发包人按照实际变化调整，列入合同工程的工程造价内。

（9）暂估价

1）发包人在招标工程量清单中给定暂估价的材料、工程设备属于依法必须招标的，应由发承包双方以招标的方式选择供应商，确定价格，并应以此为依据取代暂估价，调整合同价款。

2）发包人在招标工程量清单中给定暂估价的材料、工程设备不属于依法必须招标的，应由承包人按照合同约定采购，经发包人确认单价后取代暂估价，调整合同价款。

3）发包人在工程量清单中给定暂估价的专业工程不属于依法必须招标的，应按照工程变更相应条款的规定确定专业工程价款，并应以此为依据取代专业工程暂估价，调整合同价款。

4）发包人在招标工程量清单中给定暂估价的专业工程，依法必须招标的，应当由发承包双方依法组织招标选择专业分包人，并接受有管辖权的建设工程招标投标管理机构的监督，还应符合下列要求：

① 除合同另有约定外，承包人不参加投标的专业工程发包招标，应由承包人作为招标人，但拟定的招标文件、评标工作、评标结果应报送发包人批准。与组织招标工作有关的费用应当被认为已经包括在承包人的签约合同价（投标总报价）中。

② 承包人参加投标的专业工程发包招标，应由发包人作为招标人，与组织招标工作有关的费用由发包人承担。同等条件下，应优先选择承包人中标。

③ 应以专业工程发包中标价为依据取代专业工程暂估价，调整合同价款。

（10）不可抗力

1）因不可抗力事件导致的人员伤亡、财产损失及其费用增加，发承包双方应按下列原则分别承担并调整合同价款和工期：

① 合同工程本身的损害、因工程损害导致第三方人员伤亡和财产损失以及运至施工场地用于施工的材料和待安装的设备的损害，应由发包人承担；

② 发包人、承包人人员伤亡应由其所在单位负责，并应承担相应费用；

③ 承包人的施工机械设备损坏及停工损失，应由承包人承担；

④ 停工期间，承包人应发包人要求留在施工场地的必要的管理人员及保卫人员的费用应由发包人承担；

⑤ 工程所需清理、修复费用，应由发包人承担。

2）不可抗力解除后复工的，若不能按期竣工，应合理延长工期。发包人要求赶工的，赶工费用应由发包人承担。

3）因不可抗力解除合同的，应按合同解除的价款结算与支付的规定办理。

（11）提前竣工（赶工补偿）

1）招标人应依据相关工程的工期定额合理计算工期，压缩的工期天数不得超过定额工期的20％，超过者，应在招标文件中明示增加赶工费用。

2）发包人要求合同工程提前竣工的，应征得承包人同意后与承包人商定采取加快工程进度的措施，并应修订合同工程进度计划。发包人应承担承包人由此增加的提前竣工（赶工补偿）费用。

3）发承包双方应在合同中约定提前竣工每日历天应补偿额度，此项费用应作为增加合同价款列入竣工结算文件中，应与结算款一并支付。

（12）误期赔偿

1）承包人未按照合同约定施工，导致实际进度迟于计划进度的，承包人应加快进度，实现合同工期。

合同工程发生误期，承包人应赔偿发包人由此造成的损失，并应按照合同约定向发包人支付误期赔偿费。即使承包人支付误期赔偿费，也不能免除承包人按照合同约定应承担的任何责任和应履行的任何义务。

2）发承包双方应在合同中约定误期赔偿费，并应明确每日历天应赔额度。误期赔偿费应列入竣工结算文件中，并应在结算款中扣除。

3）在工程竣工前，合同工程内的某单项（位）工程已通过了竣工验收，且该单项（位）工程接收证书中表明的竣工日期并未延误，而是合同工程的其他部分产生了工期延误时，误期赔偿费应按照已颁发工程接收证书的单项（位）工程造价占合同价款的比例幅度予以扣减。

（13）索赔

1）当合同一方向另一方提出索赔时，应有正当的索赔理由和有效证据，并应符合合同的相关约定。

2）根据合同约定，承包人认为非承包人原因发生的事件造成了承包人的损失，应按下列程序向发包人提出索赔：

① 承包人应在知道或应当知道索赔事件发生后 28 天内，向发包人提交索赔意向通知书，说明发生索赔事件的事由。承包人逾期未发出索赔意向通知书的，丧失索赔的权利。

② 承包人应在发出索赔意向通知书后 28 天内，向发包人正式提交索赔通知书。索赔通知书应详细说明索赔理由和要求，并应附必要的记录和证明材料。

③ 索赔事件具有连续影响的，承包人应继续提交延续索赔通知，说明连续影响的实际情况和记录。

④ 在索赔事件影响结束后的 28 天内，承包人应向发包人提交最终索赔通知书，说明最终索赔要求，并应附必要的记录和证明材料。

3）承包人索赔应按下列程序处理：

① 发包人收到承包人的索赔通知书后，应及时查验承包人的记录和证明材料。

② 发包人应在收到索赔通知书或有关索赔的进一步证明材料后的 28 天内，将索赔处理结果答复承包人，如果发包人逾期未作出答复，视为承包人索赔要求已被发包人认可。

③ 承包人接受索赔处理结果的，索赔款项应作为增加合同价款，在当期进度款中进行支付；承包人不接受索赔处理结果的，应按合同约定的争议解决方式办理。

4）承包人要求赔偿时，可以选择下列一项或几项方式获得赔偿：

① 延长工期。

② 要求发包人支付实际发生的额外费用。

③ 要求发包人支付合理的预期利润。

④ 要求发包人按合同的约定支付违约金。

5）当承包人的费用索赔与工期索赔要求相关联时，发包人在做出费用索赔的批准决定时，应结合工程延期，综合做出费用赔偿和工程延期的决定。

6）发承包双方在按合同约定办理了竣工结算后，应被认为承包人已无权再提出竣工结算前所发生的任何索赔。承包人在提交的最终结清申请中，只限于提出竣工结算后的索赔，提出索赔的期限应自发承包双方最终结清时终止。

7）根据合同约定，发包人认为由于承包人的原因造成发包人的损失，宜按承包人索赔的程序进行索赔。

8）发包人要求赔偿时，可以选择下列一项或几项方式获得赔偿：

① 延长质量缺陷修复期限；

② 要求承包人支付实际发生的额外费用；

③ 要求承包人按合同的约定支付违约金。

9）承包人应付给发包人的索赔金额可从拟支付给承包人的合同价款中扣除，或由承包人以其他方式支付给发包人。

（14）现场签证

1）承包人应发包人要求完成合同以外的零星项目、非承包人责任事件等工作的，发包人应及时以书面形式向承包人发出指令，并应提供所需的相关资料；承包人在收到指令后，应及时向发包人提出现场签证要求。

2）承包人应在收到发包人指令后的 7 天内向发包人提交现场签证报告，发包人应在收到现场签证报告后的 48 小时内对报告内容进行核实，予以确认或提出修改意见。发包人在收到承包人现场签证，报告后的 48 小时内未确认也未提出修改意见的，应视为承包人提交的现场签证报告已被发包人认可。

3）现场签证的工作如已有相应的计日工单价，现场签证中应列明完成该类项目所需的人工、材料、工程设备和施工机械台班的数量。

如现场签证的工作没有相应的计日工单价，应在现场签证报告中列明完成该签证工作所需的人工、材料设备和施工机械台班的数量及单价。

4）合同工程发生现场签证事项，未经发包人签证确认，承包人便擅自施工的，除非征得发包人书面同意，否则发生的费用应由承包人承担。

5）现场签证工作完成后的 7 天内，承包人应按照现场签证内容计算价款，报送发包人确认后，作为增加合同价款，与进度款同期支付。

6）在施工过程中，当发现合同工程内容因场地条件、地质水文、发包人要求等不一致时，承包人应提供所需的相关资料，并提交发包人签证认可，作为合同价款调整的依据。

（15）暂列金额

1）已签约合同价中的暂列金额应由发包人掌握使用。

2）发包人按照前述（1）～（14）项的规定支付后，暂列金额余额应归发包人所有。

4．合同价款期中支付

（1）预付款

1）承包人应将预付款专用于合同工程。

2）包工包料工程的预付款的支付比例不得低于签约合同价（扣除暂列金额）的 10％，不宜高于签约合同价（扣除暂列金额）的 30％。

3）承包人应在签订合同或向发包人提供与预付款等额的预付款保函后向发包人提交预付款支付申请。

4）发包人应在收到支付申请的 7 天内进行核实，向承包人发出预付款支付证书，并在签发支付证书后的 7 天内向承包人支付预付款。

5）发包人没有按合同约定按时支付预付款的，承包人可催告发包人支付；发包人在预付款期满后的 7 天内仍未支付的，承包人可在付款期满后的第 8 天起暂停施工。发包人应承担由此增加的费用和延误的工期，并应向承包人支付合理利润。

6）预付款应从每一个支付期应支付给承包人的工程进度款中扣回，直到扣回的金额达到合同约定的预付款金额为止。

7）承包人的预付款保函的担保金额根据预付款扣回的数额相应递减，但在预付款全部扣回之前一直保持有效。发包人应在预付款扣完后的 14 天内将预付款保函退还给承包人。

（2）安全文明施工费

1）安全文明施工费包括的内容和使用范围，应符合国家有关文件和计量规范的规定。

2）发包人应在工程开工后的 28 天内预付不低于当年施工进度计划的安全文明施工费总额的 60%，其余部分应按照提前安排的原则进行分解，并应与进度款同期支付。

3）发包人没有按时支付安全文明施工费的，承包人可催告发包人支付；发包人在付款期满后的 7 天内仍未支付的，若发生安全事故，发包人应承担相应责任。

4）承包人对安全文明施工费应专款专用，在财务账目中应单独列项备查，不得挪作他用，否则发包人有权要求其限期改正；逾期未改正的，造成的损失和延误的工期应由承包人承担。

（3）进度款

1）发承包双方应按照合同约定的时间、程序和方法，根据工程计量结果，办理期中价款结算，支付进度款。

2）进度款支付周期应与合同约定的工程计量周期一致。

3）已标价工程量清单中的单价项目，承包人应按工程计量确认的工程量与综合单价计算；综合单价发生调整的，以发承包双方确认调整的综合单价计算进度款。

4）已标价工程量清单中的总价项目和按照规定形成的总价合同，承包人应按合同中约定的进度款支付分解，分别列入进度款支付申请中的安全文明施工费和本周期应支付的总价项目的金额中。

5）发包人提供的甲供材料金额，应按照发包人签约提供的单价和数量从进度款支付中扣除，列入本周期应扣减的金额中。

6）承包人现场签证和得到发包人确认的索赔金额应列入本周期应增加的金额中。

7）进度款的支付比例按照合同约定，按期中结算价款总额计，不低于 60%，不高于 90%。

8）承包人应在每个计量周期到期后的 7 天内向发包人提交已完工程进度款支付申请一式四份，详细说明此周期认为有权得到的款额，包括分包人已完工程的价款。

9）发包人应在收到承包人进度款支付申请后的 14 天内，根据计量结果和合同约定对申请内容予以核实，确认后向承包人出具进度款支付证书。若发承包双方对部分清单项目的计量结果出现争议，发包人应对无争议部分的工程计量结果向承包人出具进度款支付证书。

10）发包人应在签发进度款支付证书后的 14 天内，按照支付证书列明的金额向承包人支付进度款。

11）若发包人逾期未签发进度款支付证书，则视为承包人提交的进度款支付申请已被发包人认可，承包人可向发包人发出催告付款的通知。发包人应在收到通知后的 14 天内，按照承包人支付申请的金额向承包人支付进度款。

12）发包人未按照 9）～11）条的规定支付进度款的，承包人可催告发包人支付，并有权获得延迟支付的利息；发包人在付款期满后的 7 天内仍未支付的，承包人可在付款期满后的第 8 天起暂停施工。发包人应承担由此增加的费用和延误的工期，向承包人支付合理利润，并应承担违约责任。

13）发现已签发的任何支付证书有错、漏或重复的数额，发包人有权予以修正，承包人也有权提出修正申请。经发承包双方复核同意修正的，应在本次到期的进度款中支付或扣除。

5. 竣工结算与支付

（1）一般规定

1）工程完工后，发承包双方必须在合同约定时间内办理工程竣工结算。

2）工程竣工结算应由承包人或受其委托具有相应资质的工程造价咨询人编制，并应由发包人或受其委托具有相应资质的工程造价咨询人核对。

3）当发承包双方或一方对工程造价咨询人出具的竣工结算文件有异议时，可向工程造价管理机构投诉，申请对其进行执业质量鉴定。

4）工程造价管理机构对投诉的竣工结算文件进行质量鉴定，宜按工程造价鉴定的相关规定进行。

5）竣工结算办理完毕，发包人应将竣工结算文件报送工程所在地或有该工程管辖权的行业管理部门的工程造价管理机构备案，竣工结算文件应作为工程竣工验收备案、交付使用的必备文件。

（2）编制与复核

1）工程竣工结算应根据下列依据编制和复核：

①《建设工程工程量清单计价规范》GB 50500－2013；

② 工程合同；

③ 发承包双方实施过程中已确认的工程量及其结算的合同价款；

④ 发承包双方实施过程中已确认调整后追加（减）的合同价款；

⑤ 建设工程设计文件及相关资料；

⑥ 投标文件；

⑦ 其他依据。

2）分部分项工程和措施项目中的单价项目应依据发承包双方确认的工程量与已标价工程量清单的综合单价计算；发生调整的，应以发承包双方确认调整的综合单价计算。

3）措施项目中的总价项目应依据已标价工程量清单的项目和金额计算；发生调整的，应以发承包双方确认调整的金额计算，其中安全文明施工费应按相关规定计算。

4）其他项目应按下列规定计价：

① 计日工应按发包人实际签证确认的事项计算；

② 暂估价应按暂估价的规定计算；

③ 总承包服务费应依据已标价工程量清单金额计算；发生调整的，应以发承包双方确认调整的金额计算；

④ 索赔费用应依据发承包双方确认的索赔事项和金额计算；

⑤ 现场签证费用应依据发承包双方签证资料确认的金额计算；

⑥ 暂列金额应减去合同价款调整（包括索赔、现场签证）金额计算，如有余额归发

包人。

5）规费和税金应按相关规定计算。规费中的工程排污费应按工程所在地环境保护部门规定的标准缴纳后按实列入。

6）发承包双方在合同工程实施过程中已经确认的工程计量结果和合同价款，在竣工结算办理中应直接进入结算。

（3）竣工结算

1）合同工程完工后，承包人应在经发承包双方确认的合同工程期中价款结算的基础上汇总编制完成竣工结算文件，应在提交竣工验收申请的同时向发包人提交竣工结算文件。

承包人未在合同约定的时间内提交竣工结算文件，经发包人催告后14天内仍未提交或没有明确答复的，发包人有权根据已有资料编制竣工结算文件，作为办理竣工结算和支付结算款的依据，承包人应予以认可。

2）发包人应在收到承包人提交的竣工结算文件后的28天内核对。发包人经核实：认为承包人还应进一步补充资料和修改结算文件，应在上述时限内向承包人提出核实意见，承包人在收到核实意见后的28天内应按照发包人提出的合理要求补充资料，修改竣工结算文件，并应再次提交给发包人复核后批准。

3）发包人应在收到承包人再次提交的竣工结算文件后的28天内予以复核，将复核结果通知承包人，并应遵守下列规定：

① 发包人、承包人对复核结果无异议的，应在7天内在竣工结算文件上签字确认，竣工结算办理完毕；

② 发包人或承包人对复核结果认为有误的，无异议部分按照（1）规定办理不完全竣工结算；有异议部分由发承包双方协商解决；协商不成的，应按照合同约定的争议解决方式处理。

4）发包人在收到承包人竣工结算文件后的28天内，不核对竣工结算或未提出核对意见的，应视为承包人提交的竣工结算文件已被发包人认可，竣工结算办理完毕。

5）承包人在收到发包人提出的核实意见后的28天内，不确认也未提出异议的，应视为发包人提出的核实意见已被承包人认可，竣工结算办理完毕。

6）发包人委托工程造价咨询人核对竣工结算的，工程造价咨询人应在28天内核对完毕，核对结论与承包人竣工结算文件不一致的，应提交给承包人复核；承包人应在14天内将同意核对结论或不同意见的说明提交工程造价咨询人。工程造价咨询人收到承包人提出的异议后，应再次复核，复核无异议的，应按3）中①的规定办理，复核后仍有异议的，按3）中②的规定办理。

承包人逾期未提出书面异议的，应视为工程造价咨询人核对的竣工结算文件已经承包人认可。

7）对发包人或发包人委托的工程造价咨询人指派的专业人员与承包人指派的专业人员经核对后无异议并签名确认的竣工结算文件，除非发承包人能提出具体、详细的不同意见，发承包人都应在竣工结算文件上签名确认，如其中一方拒不签认的，按下列规定办理：

① 若发包人拒不签认的，承包人可不提供竣工验收备案资料，并有权拒绝与发包人或其上级部门委托的工程造价咨询人重新核对竣工结算文件。

② 若承包人拒不签认的，发包人要求办理竣工验收备案的，承包人不得拒绝提供竣工验收资料，否则，由此造成的损失，承包人承担相应责任。

8) 合同工程竣工结算核对完成，发承包双方签字确认后，发包人不得要求承包人与另一个或多个工程造价咨询人重复核对竣工结算。

9) 发包人对工程质量有异议，拒绝办理工程竣工结算的，已竣工验收或已竣工未验收但实际投入使用的工程，其质量争议应按该工程保修合同执行，竣工结算应按合同约定办理；已竣工未验收且未实际投入使用的工程以及停工、停建工程的质量争议，双方应就有争议的部分委托有资质的检测鉴定机构进行检测，并应根据检测结果确定解决方案，或按工程质量监督机构的处理决定执行后办理竣工结算，无争议部分的竣工结算应按合同约定办理。

（4）结算款支付

1) 承包人应根据办理的竣工结算文件向发包人提交竣工结算款支付申请。申请应包括下列内容：

① 竣工结算合同价款总额；

② 累计已实际支付的合同价款；

③ 应预留的质量保证金；

④ 实际应支付的竣工结算款金额。

2) 发包人应在收到承包人提交竣工结算款支付申请后 7 天内予以核实，向承包人签发竣工结算支付证书。

3) 发包人签发竣工结算支付证书后的 14 天内，应按照竣工结算支付证书列明的金额向承包人支付结算款。

4) 发包人在收到承包人提交的竣工结算款支付申请后 7 天内不予核实，不向承包人签发竣工结算支付证书的，视为承包人的竣工结算款支付申请已被发包人认可；发包人应在收到承包人提交的竣工结算款支付申请 7 天后的 14 天内，按照承包人提交的竣工结算款支付申请列明的金额向承包人支付结算款。

5) 发包人未按照 3)、4) 规定支付竣工结算款的，承包人可催告发包人支付，并有权获得延迟支付的利息。发包人在竣工结算支付证书签发后或者在收到承包人提交的竣工结算款支付申请 7 天后的 56 天内仍未支付的，除法律另有规定外，承包人可与发包人协商将该工程折价，也可直接向人民法院申请将该工程依法拍卖。承包人应就该工程折价或拍卖的价款优先受偿。

（5）最终结清

1) 缺陷责任期终止后，承包人应按照合同约定向发包人提交最终结清支付申请。发包人对最终结清支付申请有异议的，有权要求承包人进行修正和提供补充资料。承包人修正后，应再次向发包人提交修正后的最终结清支付申请。

2) 发包人应在收到最终结清支付申请后的 14 天内予以核实，并应向承包人签发最终结清支付证书。

3) 发包人应在签发最终结清支付证书后的 14 天内，按照最终结清支付证书列明的金额向承包人支付最终结清款。

4) 发包人未在约定的时间内核实，又未提出具体意见的，应视为承包人提交的最终结清支付申请已被发包人认可。

5）发包人未按期最终结清支付的，承包人可催告发包人支付，并有权获得延迟支付的利息。

6）最终结清时，承包人被预留的质量保证金不足以抵减发包人工程缺陷修复费用的，承包人应承担不足部分的补偿责任。

7）承包人对发包人支付的最终结清款有异议的，应按照合同约定的争议解决方式处理。

8.3.4 工程造价鉴定

1. 一般规定

（1）在工程合同价款纠纷案件处理中，需作工程造价司法鉴定的，应委托具有相应资质的工程造价咨询人进行。

（2）工程造价咨询人接受委托时提供工程造价司法鉴定服务，应按仲裁、诉讼程序和要求进行，并应符合国家关于司法鉴定的规定。

（3）工程造价咨询人进行工程造价司法鉴定时，应指派专业对口、经验丰富的注册造价工程师承担鉴定工作。

（4）工程造价咨询人应在收到工程造价司法鉴定资料后 10 天内，根据自身专业能力和证据资料判断能否胜任该项委托，如不能，应辞去该项委托。工程造价咨询人不得在鉴定期满后以上述理由不作出鉴定结论，影响案件处理。

（5）接受工程造价司法鉴定委托的工程造价咨询人或造价工程师如是鉴定项目一方当事人的近亲属或代理人、咨询人以及其他关系可能影响鉴定公正的，应当自行回避；未自行回避，鉴定项目委托人以该理由要求其回避的，必须回避。

（6）工程造价咨询人应当依法出庭接受鉴定项目当事人对工程造价司法鉴定意见书的质询。如确因特殊原因无法出庭的，经审理该鉴定项目的仲裁机关或人民法院准许，可以书面形式答复当事人的质询。

2. 取证

（1）工程造价咨询人进行工程造价鉴定工作时，应自行收集以下（但不限于）鉴定资料：

1）适用于鉴定项目的法律、法规、规章、规范性文件以及规范、标准、定额。

2）鉴定项目同时期同类型工程的技术经济指标及其各类要素价格等。

（2）工程造价咨询人收集鉴定项目的鉴定依据时，应向鉴定项目委托人提出具体书面要求，其内容包括：

1）与鉴定项目相关的合同、协议及其附件。

2）相应的施工图纸等技术经济文件。

3）施工过程中的施工组织、质量、工期和造价等工程资料。

4）存在争议的事实及各方当事人的理由。

5）其他有关资料。

（3）工程造价咨询人在鉴定过程中要求鉴定项目当事人对缺陷资料进行补充的，应征得鉴定项目委托人同意，或者协调鉴定项目各方当事人共同签认。

（4）根据鉴定工作需要现场勘验的，工程造价咨询人应提请鉴定项目委托人组织各方当事人对被鉴定项目所涉及的实物标的进行现场勘验。

（5）勘验现场应制作勘验记录、笔录或勘验图表，记录勘验的时间、地点、勘验人、在场人、勘验经过、结果，由勘验人、在场人签名或者盖章确认。绘制的现场图应注明绘制的时间、测绘人姓名、身份等内容。必要时应采取拍照或摄像取证，留下影像资料。

（6）鉴定项目当事人未对现场勘验图表或勘验笔录等签字确认的，工程造价咨询人应提请鉴定项目委托人决定处理意见，并在鉴定意见书中做出表述。

3. 鉴定

（1）工程造价咨询人在鉴定项目合同有效的情况下应根据合同约定进行鉴定，不得任意改变双方合法的合意。

（2）工程造价咨询人在鉴定项目合同无效或合同条款约定不明确的情况下应根据法律法规、相关国家标准和《建设工程工程量清单计价规范》GB 50500－2013 的规定，选择相应专业工程的计价依据和方法进行鉴定。

（3）工程造价咨询人出具正式鉴定意见书之前，可报请鉴定项目委托人向鉴定项目各方当事人发出鉴定意见书征求意见稿，并指明应书面答复的期限及其不答复的相应法律责任。

（4）工程造价咨询人收到鉴定项目各方当事人对鉴定意见书征求意见稿的书面复函后，应对不同意见认真复核，修改完善后再出具正式鉴定意见书。

（5）工程造价咨询人出具的工程造价鉴定书应包括下列内容：

1）鉴定项目委托人名称、委托鉴定的内容。

2）委托鉴定的证据材料。

3）鉴定的依据及使用的专业技术手段。

4）对鉴定过程的说明。

5）明确的鉴定结论。

6）其他需说明的事宜。

7）工程造价咨询人盖章及注册造价工程师签名盖执业专用章。

（6）工程造价咨询人应在委托鉴定项目的鉴定期限内完成鉴定工作，如确因特殊原因不能在原定期限内完成鉴定工作时，应按照相应法规提前向鉴定项目委托人申请延长鉴定期限，并应在此期限内完成鉴定工作。

经鉴定项目委托人同意等待鉴定项目当事人提交、补充证据的，质证所用的时间不应计入鉴定期限。

（7）对于已经出具的正式鉴定意见书中有部分缺陷的鉴定结论，工程造价咨询人应通过补充鉴定作出补充结论。

8.3.5 工程计价资料与档案

1. 计价资料

（1）发承包双方应当在合同中约定各自在合同工程中现场管理人员的职责范围，双方现场管理人员在职责范围内签字确认的书面文件是工程计价的有效凭证，但如其他有效证据或经实证证明其是虚假的除外。

（2）发承包双方不论在何种场合对与工程计价有关的事项所给予的批准、证明、同意、指令、商定、确定、确认、通知和请求，或表示同意、否定、提出要求和意见等，均应采用书面形式，口头指令不得作为计价凭证。

（3）任何书面文件送达时，应由对方签收，通过邮寄应采用挂号、特快专递传送，或以发承包双方商定的电子传输方式发送，交付、传送或传输至指定的接收人的地址。如接收人通知了另外地址时，随后通信信息应按新地址发送。

（4）发承包双方分别向对方发出的任何书面文件，均应将其抄送现场管理人员，如系复印件应加盖合同工程管理机构印章，证明与原件相同。双方现场管理人员向对方所发任何书面文件，也应将其复印件发送给发承包双方，复印件应加盖合同工程管理机构印章，证明与原件相同。

（5）发承包双方均应当及时签收另一方送达其指定接收地点的来往信函，拒不签收的，送达信函的一方可以采用特快专递或者公证方式送达，所造成的费用增加（包括被迫采用特殊送达方式所发生的费用）和延误的工期由拒绝签收一方承担。

（6）书面文件和通知不得扣压，一方能够提供证据证明另一方拒绝签收或已送达的，应视为对方已签收并应承担相应责任。

2. 计价档案

（1）发承包双方以及工程造价咨询人对具有保存价值的各种载体的计价文件，均应收集齐全，整理立卷后归档。

（2）发承包双方和工程造价咨询人应建立完善的工程计价档案管理制度，并应符合国家和有关部门发布的档案管理相关规定。

（3）工程造价咨询人归档的计价文件，保存期不宜少于五年。

（4）归档的工程计价成果文件应包括纸质原件和电子文件，其他归档文件及依据可为纸质原件、复印件或电子文件。

（5）归档文件应经过分类整理，并应组成符合要求的案卷。

（6）归档可以分阶段进行，也可以在项目竣工结算完成后进行。

（7）向接受单位移交档案时，应编制移交清单，双方应签字、盖章后方可交接。

8.4　工程量清单计价编制实例

8.4.1　招标控制价编制实例

现以某高校教学综合楼电气安装工程为例，介绍招标控制价编制（由委托工程造价咨询人编制）。

1. 封面

招标控制价封面

某高校教学综合楼电气安装 工程

招 标 控 制 价

招 标 人： ××大学
（单位盖章）

造价咨询人： ××工程造价咨询公司
（单位资质专用章）

20××年××月××日

2. 扉页

招标控制价扉页

___某高校教学综合楼电气安装___ 工程

招 标 控 制 价

招标控制价(小写)：_____438249.98_____

　　　　(大写)：___肆拾叁万捌仟贰佰肆拾玖元玖角捌分___

招标人：___××大学___
　　(单位盖章)

造价咨询人：___××工程造价咨询公司___
　　　　(单位资质专用章)

法定代表人
或其授权人：___×××___
　　(签字或盖章)

法定代表人
或其授权人：___××工程造价咨询企业法定代表人___
　　　　(签字或盖章)

编制人：___××造价工程师或造价员___
　　(造价人员签字盖专用章)

复核人：___××造价工程师___
　　　(造价工程师签字盖专用章)

编制时间：20××年××月××日　　　　复核时间：20××年××月××日

8.4 工程量清单计价编制实例

3. 总说明

总说明

工程名称：某高校教学综合楼电气安装工程   第1页 共1页

1. 编制依据

1.1 建设方提供的工程施工图、《建设工程工程量清单计价规范》GB 50500—2013、《通用安装工程工程量计算规范》GB 50856—2013、《中华人民共和国招标投标法》等一系列招标文件。

1.2 ××市建设工程造价管理站20××年××期发布的材料价格，并参照市场价格。

2. 需要说明的问题

2.1 该工程因无特殊要求，故采用一般施工方法。

2.2 税金按3.413%计取。

4. 招标控制价汇总表

建设项目招标控制价汇总表

工程名称：某高校教学综合楼电气安装工程   第1页 共1页

序号	单项工程名称	金额（元）	其中：（元）		
			暂估价	安全文明施工费	规费
1	某高校教学综合楼电气安装工程	438249.98		20849.60	23768.58
合计		438249.98		20849.60	23768.58

单项工程招标控制价汇总表

工程名称：某高校教学综合楼电气安装工程   第1页 共1页

序号	单位工程名称	金额（元）	其中：（元）		
			暂估价	安全文明施工费	规费
1	某高校教学综合楼电气安装工程	438249.98		20849.60	23768.58
合计		438249.98		20849.60	23768.58

221

单位工程招标控制价汇总表

工程名称：某高校教学综合楼电气安装工程　　　　　　　　　　　　第1页 共1页

序号	单项工程名称	金额（元）	其中：暂估价（元）
1	分部分项	303808.08	
1.1	电气设备安装	303808.08	
2	措施项目	30855.50	
2.1	其中：安全文明施工费	20849.60	
3	其他项目	65354.00	
3.1	其中：暂列金额	10000.00	
3.2	其中：专业工程暂估价	50000.00	
3.3	其中：计日工	3762.00	
3.4	其中：总承包服务费	1592.00	
4	规费	23768.58	
5	税金	14463.82	
	招标控制价合计＝1+2+3+4+5	438249.98	

8.4 工程量清单计价编制实例

5. 分部分项工程和单价措施项目清单与计价表

分部分项工程和单价措施项目清单与计价表（一）

工程名称：某高校教学综合楼电气安装工程　　　　标段：　　　　　第 1 页　共 4 页

序号	项目编号	项目名称	项目特征描述	计量单位	工程量	金额/元		其中
						综合单价	合价	暂估价
1	030401001001	油浸电力变压器	1. 名称：油浸电力变压器安装 2. 型号：SL1 3. 容量：500kVA 4. 电压：10kV	台	1	1069.45	1069.45	
2	030401001002	油浸电力变压器	1. 名称：油浸电力变压器安装 2. 型号：SL1 3. 容量：1000kVA 4. 电压：10kV	台	1	1514.46	1514.46	
3	030401002001	干式变压器	1. 名称：干式变压器安装 2. 型号：SG1 3. 容量：100kVA 4. 电压：10kV	台	1	1609.83	1609.83	
4	030404004001	低压开关柜（屏）	1. 名称：低压配电盘 2. 基础型钢形式、规格：基础槽钢10号 3. 手工除锈 4. 刷红丹防锈漆两遍	台	8	366.50	2932.00	
5	030404017001	配电箱	1. 名称：总照明电箱 2. 型号：OPA/XL—21	台	2	3200.00	6400.00	
6	030404017002	配电箱	1. 名称：总照明电箱 2. 型号：1AL/kV4224/3	台	2	1105.50	2211.00	
7	030404017003	配电箱	1. 名称：总照明电箱 2. 型号：2AL/kV4224/3	台	1	715.90	715.90	
8	030404017004	配电箱	落地式室外照明箱	台	3	306.00	918.00	
9	030404031001	小电器	1. 名称：板式暗开关 2. 接线形式：单控双联	套	4	9.50	38.00	
10	030404031002	小电器	1. 名称：板式暗开关 2. 接线形式：单控单联	套	8	8.20	65.60	
11	030404031003	小电器	1. 名称：板式暗开关 2. 接线形式：单控三联	套	8	12.48	99.84	
12	030404031004	小电器	1. 名称：声控节能开关 2. 接线形式：单控单联	套	10	8.50	85.00	
13	030404031005	小电器	1. 名称：单相暗插座 2. 规格：15A，5孔	套	50	16.20	810.00	
			本页小计				18469.08	
			合计					

分部分项工程和单价措施项目清单与计价表（二）

工程名称：某高校教学综合楼电气安装工程　　　　标段：　　　　　第2页　共4页

序号	项目编号	项目名称	项目特征描述	计量单位	工程量	金额/元		其中
						综合单价	合价	暂估价
14	030404031006	小电器	1. 名称：单相暗插座 2. 规格：15A，3孔	套	30	22.00	660.00	
15	030404031007	小电器	1. 名称：单相暗插座 2. 规格：15A，4孔	套	20	30.00	600.00	
16	030404031008	小电器	防爆带表按钮	个	6	120.95	725.70	
17	030404031009	小电器	防爆按钮	个	30	35.20	1056.00	
18	030406005001	普通交流同步电动机	1. 防爆电机检查接线 2. 3kW 3. 电机干燥	台	1	405.50	405.50	
19	030406005002	普通交流同步电动机	1. 防爆电机检查接线 2. 13kW 3. 电机干燥	台	5	837.60	4188.00	
20	030406005003	普通交流同步电动机	1. 防爆电机检查接线 2. 30kW 3. 电机干燥	台	5	1108.50	5542.50	
21	030406005004	普通交流同步电动机	1. 防爆电机检查接线 2. 55kW 3. 电机干燥	台	3	1704.50	5113.50	
22	030408001001	电力电缆	敷设 35mm² 以内电力电缆，热缩铜芯电力电缆头	km	12	5039.50	60474.00	
23	030408001002	电力电缆	敷设 120mm² 以内电力电缆，热缩铜芯电力电缆头	km	5	18025.60	90128.00	
24	030408001003	电力电缆	敷设 240mm² 以内电力电缆，热缩铜芯电力电缆头	km	2	16820.50	33641.00	
25	030408001004	电力电缆	电气配线，五芯电缆	km	20	166.75	3335.00	
26	030408002001	控制电缆	控制电缆敷设 6 芯以内，控制电缆头	km	3	4186.60	12559.80	
27	030408002002	控制电缆	控制电缆敷设 14 芯以内，控制电缆头	km	1.5	9012.70	13519.05	
28	030414002001	送配电装置系统	照明	系统	2	615.60	1231.20	
29	030414011001	接地装置	接地网	系统	1	725.00	725.00	
30	030411001001	配管	1. 名称：钢管配管 2. 规格：DN50	m	50	28.00	1400.00	
			本页小计				235304.25	
			合计					

分部分项工程和单价措施项目清单与计价表（三）

工程名称：某高校教学综合楼电气安装工程　　　　标段：　　　　　第 3 页　共 4 页

序号	项目编号	项目名称	项目特征描述	计量单位	工程量	综合单价	合价	其中 暂估价
31	030411001002	配管	1. 名称：硬质阻燃管 2. 规格：DN15	m	225	7.80	1755.00	
32	030411001003	配管	1. 名称：硬质阻燃管 2. 规格：DN20	m	225	5.60	1260.00	
33	030411001004	配管	1. 名称：硬质阻燃管 2. 规格：DN25	m	55	6.59	362.45	
34	030411002001	线槽	1. 名称：钢架配管 2. 规格：DN15 3. 配置形式：支架制作安装	m	18	11.80	212.40	
35	030411002002	线槽	1. 名称：钢架配管 2. 规格：DN25 3. 配置形式：支架制作安装	m	32	13.20	422.40	
36	030411002003	线槽	1. 名称：钢架配管 2. 规格：DN32 3. 配置形式：支架制作安装	m	168	13.80	2318.40	
37	030411002004	线槽	1. 名称：钢架配管 2. 规格：DN40 3. 配置形式：支架制作安装	m	90	17.86	1607.40	
38	030411002005	线槽	1. 名称：钢架配管 2. 规格：DN70 3. 配置形式：支架制作安装	m	24	27.80	667.20	
39	030411002006	线槽	1. 名称：钢架配管 2. 规格：DN80 3. 配置形式：支架制作安装	m	60	34.60	2076.00	
40	030411005001	接线盒	1. 名称：暗装接线盒 2. 规格：50mm×50mm	个	60	9.20	552.00	
41	030411005002	接线盒	1. 名称：暗装接线盒 2. 规格：75mm×50mm	个	60	10.00	600.00	
42	030411004001	电气配线	1. 名称：铜芯线 2. 规格：6mm	m	200	2.66	532.00	
43	030411004002	电气配线	1. 名称：铜芯线 2. 规格：4mm	m	860	1.85	1591.00	
			本页小计				13956.25	
			合计					

分部分项工程和单价措施项目清单与计价表（四）

工程名称：某高校教学综合楼电气安装工程　　　　标段：　　　　　第4页 共4页

序号	项目编号	项目名称	项目特征描述	计量单位	工程量	综合单价	合价	其中 暂估价
44	030411004003	电气配线	1. 名称：铜芯线 2. 规格：2.5mm	m	130	1.50	195.00	
45	030411004004	电气配线	1. 名称：铜芯线 2. 规格：1.5mm	m	550	1.25	687.50	
46	030409002001	接地母线	1. 名称：接地母线 2. 材质、规格：镀锌扁钢 40mm×4	m	700	19.20	13440.00	
47	030409002002	接地母线	1. 名称：接地母线 2. 材质、规格：镀锌扁钢 25mm×4	m	220	19.20	4224.00	
48	030412001001	普通灯具	单管吸顶灯	套	100	58.80	5880.00	
49	030412001002	普通灯具	1. 名称：半圆球吸顶灯 2. 规格：直径300mm	套	10	50.00	500.00	
50	030412001003	普通灯具	1. 名称：半圆球吸顶灯 2. 规格：直径250mm	套	10	50.00	500.00	
51	030412001004	普通灯具	软线吊灯	套	10	8.50	85.00	
52	030412002001	工厂灯	圆球形工厂灯（吊管）	套	10	18.50	185.00	
53	030412003002	工厂灯	工厂吸顶灯	套	10	25.50	255.00	
54	030412005001	荧光灯	1. 名称：吊链式筒式荧光灯 2. 规格：YG2-1	套	90	46.50	4185.00	
55	030412005002	荧光灯	1. 名称：吊链式筒式荧光灯 2. 规格：YG2-2	套	90	53.80	4842.00	
56	030412005003	荧光灯	1. 名称：吊链式筒式荧光灯 2. 规格：YG16	套	10	65.00	650.00	
57	030412005004	荧光灯	高压水银荧光灯（带整流器）	套	10	45.00	450.00	
			本页小计				36078.50	
			合计				303808.08	

6. 综合单价分析表

综合单价分析表

工程名称：某高校教学综合楼电气安装工程　　　　　标段：　　　　　第1页　共1页

项目编码	030401002001	项目名称	干式变压器	计量单位		台		工程量		1
综合单价组成明细										
定额编号	定额名称	定额单位	数量	单价/元				合价/元		
				人工费	材料费	机械费	管理费和利润	人工费	材料费	机械费	管理费和利润
2-1	干式变压器安装	台	1	214.32	157.26	252.56	262.14	214.32	157.26	252.56	262.14
2-358	铁梯扶手等构件制作	100kg	0.8	250.78	131.90	41.43	142.50	200.62	105.52	33.14	142.50
2-359	铁梯扶手等构件安装	100kg	0.8	163.00	24.39	25.44	71.51	130.40	19.51	20.35	71.51
人工单价		小计						545.34	282.29	306.05	476.15
25元/工日		未计价材料费						—			
清单项目综合单价								1609.83			

（其他项分部分项综合单价分析表略）

7. 总价措施项目清单与计价表

总价措施项目清单与计价表

工程名称：某高校教学综合楼电气安装工程　　　　　标段：　　　　　第1页　共1页

序号	项目编码	项目名称	计算基础	费率/（%）	金额/元	调整费率/（%）	调整后金额/元	备注
1		安全文明施工费	人工费	25	20849.60			
2		夜间施工增加费	人工费	3	2502.00			
3		二次搬运费	人工费	5	4169.92			
4		冬雨季施工增加费	人工费	1	833.98			
5		已完工程及设备保护			2500.00			
		合计			30855.50			

编制人（造价人员）：×××　　　　　　　　　　　　　　　　复核人（造价工程师）：×××

8. 其他项目清单与计价汇总表

其他项目清单与计价汇总表

工程名称：某高校教学综合楼电气安装工程　　　　标段：　　　　　第1页　共1页

序号	项目名称	金额/元	结算金额/元	备注
1	暂列金额	10000.00		明细详见（1）
2	暂估价	50000.00		
2.1	材料（工程设备）暂估价	—		明细详见（2）
2.2	专业工程暂估价	50000.00		明细详见（3）
3	计日工	3762.00		明细详见（4）
4	总承包服务费	1592.00		明细详见（5）
5	索赔与现场签证	—		
	合计	65354		

（1）暂列金额明细表

暂列金额明细表

工程名称：某高校教学综合楼电气安装工程　　　　标段：　　　　　第1页　共1页

序号	项目名称	计量单位	暂定金额（元）	备注
1	政策性调整和材料价格风险	项	8000.00	
2	其他	项	2000.00	
	合计		10000.00	

（2）材料（工程设备）暂估单价及调整表

材料（工程设备）暂估单价及调整表

工程名称：某高校教学综合楼电气安装工程　　　　　标段：　　　　　第1页　共1页

序号	材料（工程设备）名称、规格、型号	计量单位	数量		暂估（元）		确认（元）		差额±（元）		备注
			暂估	确认	单价	合价	单价	合价	单价	合价	
1	SL$_1$-1000kV油浸式电力变压器	台	1		5000.00	5000.00					
	（其他略）										
	合计					5000.00					

（3）专业工程暂估价及结算表

专业工程暂估价及结算价表

工程名称：某高校教学综合楼电气安装工程　　　　　标段：　　　　　第1页　共1页

序号	工程名称	工程内容	暂估金额（元）	结算金额（元）	差额±（元）	备注
1	消防系统	图纸中标明的以及规范和技术说明中规定的各系统中的设备、管道、阀门、线缆等的供应、安装与调试工作	50000.00			
	合计		50000.00			

229

（4）计日工表

计日工表

工程名称：某高校教学综合楼电气安装工程　　　　标段：　　　　　　第1页　共1页

编号	项目名称	单位	暂定数量	实际数量	综合单价/元	合价/元	
						暂定	实际
一	人工						
1	高级技术工人	工日	10		150.00	1500.00	
2	普通工人	工日	15		120.00	1800.00	
	人工小计					3300.00	
二	材料						
1	电焊条结422	kg	4.5		6.00	27.00	
2	型材	kg	10		4.50	45.00	
	材料小计					72.00	
三	施工机械						
1	直流电焊机 20kW	台班	5		40.00	200.00	
2	交流电焊机 20kW	台班	5		38.00	190.00	
	施工机械小计					390.00	
四、企业管理费和利润							
	总计					3762.00	

（5）总承包服务费计价表

总承包服务费计价表

工程名称：某高校教学综合楼电气安装工程　　　　标段：　　　　　　第1页　共1页

序号	工程名称	项目价值（元）	服务内容	计算基础	费率（%）	金额（元）
1	发包人发包专业工程	6000.00		项目价值	5	300.00
2	发包人提供材料	129200.00		项目价值	1	1292.00
	合计					1592.00

9. 规费、税金项目清单与计价表

规费、税金项目清单与计价表

工程名称：某高校教学综合楼电气安装工程　　　　标段：　　　　　　第1页　共1页

序号	项目名称	计算基础	计算基数	计算费率（%）	金额（元）
1	规费	定额人工费			23768.58
1.1	社会保险费	定额人工费	(1)＋……(5)		18764.68
(1)	养老保险费	定额人工费		14	11675.78
(2)	失业保险费	定额人工费		2	1668.00
(3)	医疗保险费	定额人工费		6	5003.90
(4)	工伤保险费	定额人工费		0.25	208.50
(5)	生育保险费	定额人工费		0.25	208.50
1.2	住房公积金	定额人工费		6	5003.90
1.3	工程排污费	按工程所在地环境保护部门收取标准，按实计入			
2	税金	分部分项工程费＋措施项目费＋其他项目费＋规费－按规定不计税的工程设备金额		3.413	14463.82
	合计				38232.40

编制人（造价人员）：×××　　　　　　　　　　　复核人（造价工程师）：×××

10. 主要材料、工程设备一览表

发包人提供材料和工程设备一览表

工程名称：某高校教学综合楼电气安装工程　　　　标段：　　　　　　第1页　共1页

序号	材料（工程设备）名称、规格、型号	单位	数量	单价（元）	交货方式	送达地点	备注
1	槽钢	kg	1000	3.10		工地仓库	
2	成套配电箱（落地式）	台	1	7600.00		工地仓库	
3	钢筋（规格见施工图）	t	2	4000.00		工地仓库	
	（其他略）						

承包人提供主要材料和工程设备一览表

（适用于造价信息差额调整法）

工程名称：某高校教学综合楼电气安装工程 　　　标段： 　　　第1页 共1页

序号	名称、规格、型号	单位	数量	风险系数（%）	基准单价（元）	投标单价（元）	发承包人确认单价（元）	备注
1	槽钢	kg	1000	≤5	3.10			
2	成套配电箱（落地式）	台	1	≤5	7600.00			
	（其他略）							

承包人提供主要材料和工程设备一览表

（适用于价格指数差额调整法）

工程名称：某高校教学综合楼电气安装工程 　　　标段： 　　　第1页 共1页

序号	名称、规格、型号	变值权重 B	基本价格指数 F_0	现行价格指数 F_t	备注
1	人工		110%		
2	槽钢		3100 元/t		
3	机械费		100%		
	（其他略）				
	定值权重 A		—	—	
	合计	1		—	

8.4.2 投标报价编制实例

现以某高校教学综合楼电气安装工程为例，介绍投标报价编制（由委托工程造价咨询人编制）。

1. 封面

投标总价封面

某高校教学综合楼电气安装 工程

投 标 总 价

投 标 人： ××建筑单位

（单位盖章）

20××年××月××日

2. 扉页

投标总价扉页

投　标　总　价

招　标　人：　　　　　　　××大学

工　程　名　称：　　　　某高校教学综合楼电气安装工程

投标总价（小写）：　　　　431270.34 元

　　　　（大写）：　　　肆拾叁万壹仟贰佰柒拾元叁角肆分

投　标　人：　　　　　　××建设单位
　　　　　　　　　　　　　（单位盖章）

法定代表人
或其授权人：　　　　　　××单位法定代表人
　　　　　　　　　　　　　（签字或盖章）

编　制　人：　　　　　××造价工程师或造价员
　　　　　　　　　　　（造价人员签字盖专用章）

编制时间：20××年××月××日

3. 总说明

总说明

工程名称：某高校教学综合楼电气安装工程　　　　　　　　　　　第1页　共1页

1. 编制依据
(1) 建设方提供的电力工程施工图、《某高校教学综合楼电气安装工程邀请书》、《投标须知》、《某高校教学综合楼电气安装工程招标答疑》等一系列招标文件。
(2) ××省××市建设工程造价管理站20××年第××期发布的材料价格，并参照市场价格。
2. 采用的施工组织设计。
3. 报价需要说明的问题：
(1) 该工程因无特殊要求，故采用一般施工方法。
(2) 因考虑到市场材料价格近期波动不大，所以主要材料价格在××市建设工程造价管理站2014年第××期发布的材料价格基础上下浮3%。
(3) 综合公司经济现状及竞争力，公司所报费率如下：(略)。
(4) 税金按3.413%计取。
4. 措施项目的依据。
5. 其他有关内容的说明等。

4. 投标控制价汇总表

建设项目投标报价汇总表

工程名称：某高校教学综合楼电气安装工程　　　　　　　　　　　第1页　共1页

序号	单项工程名称	金额（元）	其中：（元）		
			暂估价	安全文明施工费	规费
1	某高校教学综合楼电气安装工程	431270.34		20670.00	23563.80
	合计	431270.34		20670.00	23563.80

单项工程投标报价汇总表

工程名称：某高校教学综合楼电气安装工程　　　　　　　　　　　第1页　共1页

序号	单位工程名称	金额（元）	其中：（元）		
			暂估价	安全文明施工费	规费
1	某高校教学综合楼电气安装工程	431270.34		20670.00	23563.80
	合计	431270.34		20670.00	23563.80

单位工程投标报价汇总表

工程名称：某高校教学综合楼电气安装工程　　　　　　　　　　　　　　第1页　共1页

序号	单位工程名称	金额（元）	其中：暂估价（元）
1	分部分项	299047.64	
1.1	电气设备安装	299047.64	
2	措施项目	29153.68	
2.1	其中：安全文明施工费	20670.00	
3	其他项目	65271.75	
3.1	其中：暂列金额	10000.00	
3.2	其中：专业工程暂估价	50000.00	
3.3	其中：计日工	3619.75	
3.4	其中：总承包服务费	1652.00	
4	规费	23563.80	
5	税金	14233.47	
投标控制价合计＝1＋2＋3＋4＋5		431270.34	

5. 分部分项工程和单价措施项目清单与计价表

分部分项工程和单价措施项目清单与计价表（一）

工程名称：某高校教学综合楼电气安装工程　　　　标段：　　　　　第1页　共4页

序号	项目编号	项目名称	项目特征描述	计量单位	工程量	综合单价	合价	其中 暂估价
1	030401001001	油浸电力变压器	1. 名称：油浸电力变压器安装 2. 型号：SL1 3. 容量：500kV·A 4. 电压：10kV	台	1	1056.10	1056.10	
2	030401001002	油浸电力变压器	1. 名称：油浸电力变压器安装 2. 型号：SL1 3. 容量：1000kV·A 4. 电压：10kV	台	1	1513.23	1513.23	
3	030401002001	干式变压器	1. 名称：干式变压器安装 2. 型号：SG1 3. 容量：100kV·A 4. 电压：10kV	台	1	1602.50	1602.50	
4	030404004001	低压开关柜（屏）	1. 名称：低压配电盘 2. 基础型钢形式、规格：基础槽钢10号 3. 手工除锈 4. 刷红丹防锈漆两遍	台	8	362.55	2900.40	
5	030404017001	配电箱	1. 名称：总照明电箱 2. 型号：OPA/XL—21	台	2	3145.50	6291.00	
6	030404017002	配电箱	1. 名称：总照明电箱 2. 型号：1AL/kV4224/3	台	2	1083.20	2166.40	
7	030404017003	配电箱	1. 名称：总照明电箱 2. 型号：2AL/kV4224/3	台	1	710.95	710.95	
8	030404017004	配电箱	落地式室外照明箱	台	3	302.00	906.00	
9	030404031001	小电器	1. 名称：板式暗开关 2. 接线形式：单控双联	套	4	9.20	36.80	
10	030404031002	小电器	1. 名称：板式暗开关 2. 接线形式：单控单联	套	8	7.60	60.80	
11	030404031003	小电器	1. 名称：板式暗开关 2. 接线形式：单控三联	套	8	12.22	97.76	
12	030404031004	小电器	1. 名称：声控节能开关 2. 接线形式：单控单联	套	10	8.80	88.00	
13	030404031005	小电器	1. 名称：单相暗插座 2. 规格：15A，5孔	套	50	16.00	800.00	
			本页小计				18229.94	
			合计					

分部分项工程和单价措施项目清单与计价表（二）

工程名称：某高校教学综合楼电气安装工程　　　标段：　　　　　第2页　共4页

序号	项目编号	项目名称	项目特征描述	计量单位	工程量	综合单价	合价	其中 暂估价
14	030404031006	小电器	1. 名称：单相暗插座 2. 规格：15A，3孔	套	30	18.10	543.00	
15	030404031007	小电器	1. 名称：单相暗插座 2. 规格：15A，4孔	套	20	26.50	530.00	
16	030404031008	小电器	防爆带表按钮	个	6	111.90	671.40	
17	030404031009	小电器	防爆按钮	个	30	32.60	978.00	
18	030406005001	普通交流同步电动机	1. 防爆电机检查接线 2. 3kW 3. 电机干燥	台	1	390.50	390.50	
19	030406005002	普通交流同步电动机	1. 防爆电机检查接线 2. 13kW 3. 电机干燥	台	5	820.50	4102.50	
20	030406005003	普通交流同步电动机	1. 防爆电机检查接线 2. 30kW 3. 电机干燥	台	5	1090.60	5453.00	
21	030406005004	普通交流同步电动机	1. 防爆电机检查接线 2. 55kW 3. 电机干燥	台	3	1690.00	5070.00	
22	030408001001	电力电缆	敷设 35mm² 以内电力电缆，热缩铜芯电力电缆头	km	12	5020.00	60240.00	
23	030408001002	电力电缆	敷设 120mm² 以内电力电缆，热缩铜芯电力电缆头	km	5	18005.00	90025.00	
24	030408001003	电力电缆	敷设 240mm² 以内电力电缆，热缩铜芯电力电缆头	km	2	16788.50	33577.00	
25	030408001004	电力电缆	电气配线，五芯电缆	km	20	158.90	3178.00	
26	030408002001	控制电缆	控制电缆敷设 6 芯以内，控制电缆头	km	3	4175.00	12525.00	
27	030408002002	控制电缆	控制电缆敷设 14 芯以内，控制电缆头	km	1.5	9003.00	13504.50	
28	030414002001	送配电装置系统	照明	系统	2	608.60	1217.20	
29	030414011001	接地装置	接地网	系统	1	711.40	711.40	
30	030411001001	配管	1. 名称：钢管配管 2. 规格：DN50	m	50	25.00	1250.00	
本页小计							233966.50	
合计								

分部分项工程和单价措施项目清单与计价表（三）

工程名称：某高校教学综合楼电气安装工程　　　标段：　　　　　　第 3 页　共 4 页

序号	项目编号	项目名称	项目特征描述	计量单位	工程量	金额/元		其中
						综合单价	合价	暂估价
31	030411001002	配管	1. 名称：硬质阻燃管 2. 规格：DN15	m	225	6.85	1541.25	
32	030411001003	配管	1. 名称：硬质阻燃管 2. 规格：DN20	m	225	4.80	1080.00	
33	030411001004	配管	1. 名称：硬质阻燃管 2. 规格：DN25	m	55	6.15	338.25	
34	030411002001	线槽	1. 名称：钢架配管 2. 规格：DN15 3. 配置形式：支架制作安装	m	18	10.40	187.20	
35	030411002002	线槽	1. 名称：钢架配管 2. 规格：DN25 3. 配置形式：支架制作安装	m	32	12.30	393.60	
36	030411002003	线槽	1. 名称：钢架配管 2. 规格：DN32 3. 配置形式：支架制作安装	m	168	12.80	2150.40	
37	030411002004	线槽	1. 名称：钢架配管 2. 规格：DN40 3. 配置形式：支架制作安装	m	90	16.50	1485.00	
38	030411002005	线槽	1. 名称：钢架配管 2. 规格：DN70 3. 配置形式：支架制作安装	m	24	24.50	588.00	
39	030411002006	线槽	1. 名称：钢架配管 2. 规格：DN80 3. 配置形式：支架制作安装	m	60	30.30	1818.00	
40	030411005001	接线盒	1. 名称：暗装接线盒 2. 规格：50mm×50mm	个	60	8.80	528.00	
41	030411005002	接线盒	1. 名称：暗装接线盒 2. 规格：75mm×50mm	个	60	9.20	552.00	
42	030411004001	电气配线	1. 名称：铜芯线 2. 规格：6mm	m	200	2.22	444.00	
43	030411004002	电气配线	1. 名称：铜芯线 2. 规格：4mm	m	860	1.65	1419.00	
本页小计							12524.70	
合计								

分部分项工程和单价措施项目清单与计价表（四）

工程名称：某高校教学综合楼电气安装工程　　　　标段：　　　　　　第4页　共4页

序号	项目编号	项目名称	项目特征描述	计量单位	工程量	综合单价	合价	其中 暂估价
44	030411004003	电气配线	1. 名称：铜芯线 2. 规格：2.5mm	m	130	1.30	169.00	
45	030411004004	电气配线	1. 名称：铜芯线 2. 规格：1.5mm	m	550	1.15	632.50	
46	030409002001	接地母线	1. 名称：接地母线 2. 材质、规格：镀锌扁钢40mm×4	m	700	18.62	13034.00	
47	030409002002	接地母线	1. 名称：接地母线 2. 材质、规格：镀锌扁钢25mm×4	m	220	18.40	4048.00	
48	030412001001	普通灯具	单管吸顶灯	套	100	54.50	5450.00	
49	030412001002	普通灯具	1. 名称：半圆球吸顶灯 2. 规格：直径300mm	套	10	48.50	485.00	
50	030412001003	普通灯具	1. 名称：半圆球吸顶灯 2. 规格：直径250mm	套	10	48.50	485.00	
51	030412001004	普通灯具	软线吊灯	套	10	8.10	81.00	
52	030412002001	工厂灯	圆球形工厂灯（吊管）	套	10	17.90	179.00	
53	030412003002	工厂灯	工厂吸顶灯	套	10	22.10	221.00	
54	030412005001	荧光灯	1. 名称：吊链式筒式荧光灯 2. 规格：YG2-1	套	90	45.20	4068.00	
55	030412005002	荧光灯	1. 名称：吊链式筒式荧光灯 2. 规格：YG2-2	套	90	49.40	4446.00	
56	030412005003	荧光灯	1. 名称：吊链式筒式荧光灯 2. 规格：YG16	套	10	61.80	618.00	
57	030412005004	荧光灯	高压水银荧光灯（带整流器）	套	10	41.00	410.00	
			本页小计				34326.50	
			合计				299047.64	

6. 综合单价分析表

综合单价分析表

工程名称：某高校教学综合楼电气安装工程　　　　标段：　　　　　　第1页　共1页

项目编号	030401001001	项目名称	油浸电力变压器		计量单位		台		工程量		1

清单综合单价组成明细											
定额编号	定额内容	定额单位	数量	单价/元				合价/元			
				人工费	材料费	机械费	管理费和利润	人工费	材料费	机械费	管理费和利润
2-2	油浸电力变压器安装	台	1	274.92	188.65	273.16	309.43	274.92	188.65	273.16	309.43
2-358 2-359	铁梯、扶手等构件制作、安装	100kg	1.1	4.14	1.56	0.66	2.67	4.55	1.72	0.73	2.94
人工单价			小计					279.47	190.37	273.89	312.37
25元/工日			未计价材料费					—			
清单项目综合单价/元								1056.10			

（其他项分部分项综合单价分析表略）

7. 总价措施项目清单与计价表

总价措施项目清单与计价表

工程名称：某高校教学综合楼电气安装工程　　　　标段：　　　　　　第1页　共1页

序号	项目编码	项目名称	计算基础	费率/（%）	金额/元	调整费率/（%）	调整后金额/元	备注
1		安全文明施工费	人工费	25	20670.00			
2		夜间施工增加费	人工费	2.5	2067.00			
3		二次搬运费	人工费	4.5	3720.60			
4		冬雨季施工增加费	人工费	0.6	496.08			
5		已完工程及设备保护			2200.00			
		合计			29153.68			

编制人（造价人员）：×××　　　　　　　　　　　　复核人（造价工程师）：×××

8. 其他项目清单与计价汇总表

其他项目清单与计价汇总表

工程名称：某高校教学综合楼电气安装工程　　　　标段：　　　　　第1页　共1页

序号	项目名称	金额/元	结算金额/元	备注
1	暂列金额	10000.00		明细详见（1）
2	暂估价	50000.00		
2.1	材料（工程设备）暂估价	—		明细详见（2）
2.2	专业工程暂估价	50000.00		明细详见（3）
3	计日工	3619.75		明细详见（4）
4	总承包服务费	1652.00		明细详见（5）
5	索赔与现场签证	—		
	合计	65271.75		

（1）暂列金额明细表

暂列金额明细表

工程名称：某高校教学综合楼电气安装工程　　　　标段：　　　　　第1页　共1页

序号	项目名称	计量单位	暂定金额（元）	备注
1	政策性调整和材料价格风险	项	8000.00	
2	其他	项	2000.00	
	合计		10000.00	

（2）材料（工程设备）暂估单价及调整表

材料（工程设备）暂估单价及调整表

工程名称：某高校教学综合楼电气安装工程　　　　标段：　　　　　　　第1页　共1页

序号	材料（工程设备）名称、规格、型号	计量单位	数量		暂估（元）		确认（元）		差额元 ±（元）		备注
			暂估	确认	单价	合价	单价	合价	单价	合价	
1	SL$_1$-1000kV 油浸式电力变压器	台	1		5000.00	5000.00					
	（其他略）										
	合计					5000.00					

（3）专业工程暂估价及结算表

专业工程暂估价及结算价表

工程名称：某高校教学综合楼电气安装工程　　　　标段：　　　　　　　第1页　共1页

序号	工程名称	工程内容	暂估金额（元）	结算金额（元）	差额±（元）	备注
1	消防系统	图纸中标明的以及规范和技术说明中规定的各系统中的设备、管道、阀门、线缆等的供应、安装与调试工作	50000.00			
	合计		50000.00			

（4）计日工表

计日工表

工程名称：某高校教学综合楼电气安装工程　　　　标段：　　　　　第1页　共1页

编号	项目名称	单位	暂定数量	实际数量	综合单价/元	合价/元	
						暂定	实际
一	人工						
1	高级技术工人	工日	10		140.00	1400.00	
2	普通工人	工日	15		120.00	1800.00	
	人工小计					3200.00	
二	材料						
1	电焊条结422	kg	4.5		5.50	24.75	
2	型材	kg	10		4.00	40.00	
	材料小计					64.75	
三	施工机械						
1	直流电焊机20kW	台班	5		35.00	175.00	
2	交流电焊机20kW	台班	5		36.00	180.00	
	施工机械小计					355.00	
四、企业管理费和利润							
	总计					3619.75	

（5）总承包服务费计价表

总承包服务费计价表

工程名称：某高校教学综合楼电气安装工程　　　　标段：　　　　　第1页　共1页

序号	工程名称	项目价值（元）	服务内容	计算基础	费率（%）	金额（元）
1	发包人发包专业工程	6000.00		项目价值	6	360.00
2	发包人提供材料	129200.00		项目价值	1	1292.00
	合计					1652.00

9. 规费、税金项目计价表

规费、税金项目计价表

工程名称：某高校教学综合楼电气安装工程　　　　标段：　　　　　　第1页　共1页

序号	项目名称	计算基础	计算基数	计算费率（%）	金额（元）
1	规费	定额人工费			23563.80
1.1	社会保险费	定额人工费	(1)＋……＋(5)		18603.00
(1)	养老保险费	定额人工费		14	11575.20
(2)	失业保险费	定额人工费		2	1653.60
(3)	医疗保险费	定额人工费		6	4960.80
(4)	工伤保险费	定额人工费		0.25	206.70
(5)	生育保险费	定额人工费		0.25	206.70
1.2	住房公积金	定额人工费		6	4960.80
1.3	工程排污费	按工程所在地环境保护部门收取标准，按实计入			
2	税金	分部分项工程费＋措施项目费＋其他项目费＋规费－按规定不计税的工程设备金额		3.413	14233.47
	合计				37797.27

编制人（造价人员）：×××　　　　　　　　　　复核人（造价工程师）：×××

10. 总价项目进度款支付分解表

总价项目进度款支付分解表

工程名称：某高校教学综合楼电气安装工程　　　　标段：　　　　　　第1页　共1页

序号	项目名称	总价金额	首次支付	二次支付	三次支付	四次支付	五次支付	
1	安全文明施工费	20670.00	5167.50	5167.50	5167.50	5167.50		
2	夜间施工增加费	2067.00	413.40	413.40	413.40	413.40	413.40	
3	二次搬运费	3720.60	744.12	744.12	744.12	744.12	744.12	
	略							
	社会保险费	18603.00	3720.60	3720.60	3720.60	3720.60	3720.60	
	住房公积金	4960.80	992.16	992.16	992.16	992.16	992.16	
	合计							

编制人（造价人员）：×××　　　　　　　　　　复核人（造价工程师）：×××

11. 主要材料、工程设备一览表

发包人提供材料和工程设备一览表

工程名称：某高校教学综合楼电气安装工程　　　标段：　　　　　　第1页　共1页

序号	材料（工程设备）名称、规格、型号	单位	数量	单价（元）	交货方式	送达地点	备注
1	槽钢	kg	1000	3.10		工地仓库	
2	成套配电箱（落地式）	台	1	7600.00		工地仓库	
3	钢筋（规格见施工图）	t	2	4000.00		工地仓库	
	（其他略）						

承包人提供主要材料和工程设备一览表

（适用于造价信息差额调整法）

工程名称：某高校教学综合楼电气安装工程　　　标段：　　　　　　第1页　共1页

序号	名称、规格、型号	单位	数量	风险系数（%）	基准单价（元）	投标单价（元）	发承包人确认单价（元）	备注
1	槽钢	kg	1000	≤5	3.10	3.00		
2	成套配电箱（落地式）	台	1	≤5	7600.00	7550.00		
	（其他略）							

承包人提供主要材料和工程设备一览表
（适用于价格指数差额调整法）

工程名称：某高校教学综合楼电气安装工程　　　标段：　　　　第 1 页　共 1 页

序号	名称、规格、型号	变值权重 B	基本价格指数 F_0	现行价格指数 F_t	备注
1	人工	0.18	110%		
2	槽钢	0.11	3100 元/t		
3	机械费	8	100%		
	（其他略）				
	定值权重 A		—	—	
	合计	1	—	—	

参 考 文 献

［1］ 中华人民共和国住房和城乡建设部.《建设工程工程量清单计价规范》GB 50500—2013［S］. 北京：中国计划出版社，2013
［2］ 中华人民共和国住房和城乡建设部.《通用安装工程工程量计算规范》GB 50856—2013［S］. 北京：中国计划出版社，2013
［3］ 刘庆山，刘屹立，刘翌杰. 建筑安装工程工程量清单计价手册［M］. 北京：中国电力出版社，2009
［4］ 赵莹华. 例解安装工程工程量清单计价［M］. 武汉：华中科技大学出版社，2010
［5］ 沈巍. 建筑设备安装工程工程量清单计价［M］. 北京：中国建筑工业出版社，2012
［6］ 杜贵成. 新版安装工程工程量清单计价及实例［M］. 北京：化学工业出版社，2013
［7］ 王和平. 安装工程工程量清单计价原理与实务［M］. 北京：中国建筑工业出版社，2010